우리 집에 화학자가 산다

김민경 교수의 생활 속 화학이야기

우리집에 화학자가 산다

김민경 지음

Humanist

우리 몸을 구성하는 물질부터 매일 사용하는 물건, 그리고 지구가 속한 우주까지, 화학은 거의 모든 곳에서 우리와 함께하고 있습니다. 하지만 최근 들어 가습기 살균제 사건이나 살충제 달걀 파동, 생리대 발암물질 검출과 같은 여러 사건으로 '화학'은 필요보다는 위험을 먼저 떠올리게 하는 단어가 되어버렸습니다.

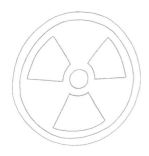

케모포비아(chemophobia). 화학 물질로 인한 사건과 사고는 화학에 대한 공포증이라는 사회 현상을 일으킬 정도로 부정적인 인식을 널리 퍼뜨리고 있습니다. 하지만 우리가 살고 있는 세상과 나 자신까지도 화학 물질로 이루어져 있는 상황에서 화학 물질을 피하고 거부하는 것이 과연 가능할까요?

우리 집에 화학자가 산다

저는 화학자이자 두 아이를 키우는 엄마로서 모든 사람이 화학에 대해 귀 기울일 수 있도록 소소한 일상에서 이야기를 시작하고자 합니다. 비누에서 시작된 이야기가 맥주 문화의 발달로 이어질 것이고, 비닐봉지는 몇 번의 과정을 거치면 코팅 프라이팬까지 닿게 됩니다.

우리는 매일 다양한 화학 제품에 노출되고 있습니다. 화학, 다시 말해 화학 물질은 정확하게 알고 사용할 경우 공포보다는 많은 편리함과 효용을 가져다줍니다. 모두가 올바르게 화학을 이해할 수 있도록, 억울하게 공포의 근원이 되어버린 화학이 이 책을 통해 진정한 자신의 위치를 찾게 되기를 바라봅니다.

차 례

* 이 책에 나오는 대부분의 화학 용어는 2015년 개정 교육과정을 따랐습니다.

화학이란 무엇일까?

우리는 모두 물질이며 화학이다

화학을 꼭 알아야 할까?

화학01 (化學) [화:—]
「명사」
① 『화학』 자연과학의 한 분야. 물질의 조성과 구조, 성질 및 변화, 제법, 응용 따위를 연구한다. 무기 화학, 유기 화학, 생물 화학, 물리 화학, 분석 화학, 이론 화학, 응용 화학 따위의 갈래가 있다.
② 『교육』 중등학교 교과목의 하나. 물질의 화학 현상과 그 법칙성을 실험·관찰에 의하여 배운다.
출처: 국립국어원 표준국어대사전

    화학은 어렵고 외울 것 많은 귀찮은 과목이라고 생각하는 사람이 많다. 사전에서 찾아볼 수 있듯이 화학은 자연과학의 한 분야로 물질

의 조성과 구조, 성질 및 변화, 제법, 응용 등을 연구한다. 화학에서 가장 중요하게 생각하는 것은 '물질'로 질량을 가지고 공간을 차지하는 모든 것을 말한다. 이 글을 쓰는 나도, 산에 있는 나무도, 바다의 모래도, 그리고 우리가 숨 쉬는 공기도 모두 물질이다.

그렇다면 화학은 무엇을 연구할까? 이 질문에 답하기 위해서는 먼저 물질의 물리적 성질과 화학적 성질, 물리적 변화와 화학적 변화가 무엇인지를 알아야 한다. 여러 가지 물질이 섞인 혼합물과 달리 순수한 물질은 구별 가능한 그 물질만의 독특한 성질이 있다. 예를 들어 구리는 실처럼 얇게 뽑아서 전선을 만들 수 있지만, 뜨거운 상태에서 망치로 펴서 얇고 넓은 판 형태로 만들 수도 있다. 하지만 김장할 때 사용하는 굵은 소금은 망치가 아니라 손가락으로 문지르기만 해도 쉽게 부스러진다.

물리적 성질과 화학적 성질

물질의 '물리적 성질'이란 그 물질의 화학적 본질(구성하는 원소의 조성과 연결 방식)이 손상되지 않은 상태에서 관찰되는 것을 말한다. 예를 들어 온도, 질량, 색, 맛, 냄새, 밀도(질량을 부피로 나눈 값), 그리고 녹는점(고체에서 액체로 상태가 변하는 온도)과 끓는점(액체에서 기체로 상태가 변하는 온도) 등이 있다.

얼음은 0℃(녹는점)에서 물로 변하고, 물은 100℃(끓는점)에서 수증기로 변한다. 이때 수소 입자(H) 두 개와 산소 입자(O) 한 개가 연결되어 물 입자(H$_2$O) 하나를 구성하는 물의 화학적 본질은 변하지 않는다. 단지 상태만 변할 뿐이다. 이러한 변화를 우리는 '물리적 변화'라고 부른다.

성질	특성
색	황(S)은 노란색, 브롬(Br)은 붉은색이다.
맛	산은 시고, 염기는 쓰다.
온도	얼음물의 온도는 0℃, 끓는 물의 온도는 100℃이다.
밀도	물의 밀도는 1.00g/mL, 금의 밀도는 19.3g/cm^{3}이다.
경도	나트륨 금속은 부드럽고, 다이아몬드는 단단하다.
끓는점	에틸알코올은 78.5℃에서, 물은 100℃에서 끓는다.
열용량	물은 열용량이 높고, 철은 낮다.
전도도	구리는 전기가 잘 통하며, 알루미늄은 열을 잘 전달한다.

물질의 '화학적 성질'은 그 물질이 다른 물질과 화학적으로 반응해서 새로운 물질로 변할 때 나타난다. 금속인 철(Fe)은 산소(O$_2$)라는 새로운 물질과 연결되는(이런 현상을 화학에서는 '결합'이 생겼다고 한다.) 반응을 거쳐서 '녹'이 된다. 철 기둥은 손톱으로 긁어도 아무 변화가 없지만, 녹이 슨 부분을 손톱으로 문지르면 녹이 긁혀서 떨어진다. 철과 녹은 화학적 성질이 다른 물질인 것이다.

연탄의 주 성분인 탄소(C)는 산소가 풍부한 상태에서 타오르면 산

17

소 두 개와 탄소 한 개가 붙은 이산화탄소(CO_2)라는 새로운 물질로 바뀐다(연료가 빛과 열을 내면서 타는 과정을 '연소'라고 한다.). 하지만 탄소는 산소가 부족한 상태에서 산소 하나와 결합하게 되면 신경계에 큰 이상을 주거나 사망에 이르게 할 수 있는 일산화탄소(CO)라는 물질로 바뀌게 된다. 이렇게 물질의 화학적 성질이 변하면서 다른 물질이 되는 변화를 '화학적 변화'라고 한다.

물질	화학적 성질
철	녹이 슨다(산소와 결합해 산화철이 된다).
은	변색된다(황과 결합해 황화은이 된다).
탄소	연소한다(산소와 결합해 이산화탄소가 된다).
일산화탄소	독성이 있다(헤모글로빈과 결합해 산소 결핍을 일으킨다).
나이트로글리세린	폭발한다(분해되어 가스 혼합물이 된다).

화학은 물질을 구성하는 원소의 종류 및 연결 방식(결합)을 통해 물질의 특성(화학적 성질)을 이해하고, 한 물질이 다른 물질과 새롭게 결합하거나 다른 물질로 변하는 과정(화학적 변화)과 그 과정에서 나타나는 에너지에 대해 연구하는 학문이다. 화학을 연구하는 화학자는 기본적으로 원소라는 순물질을 이용해 모든 물질의 변화를 해석하려 한다.

중·고등학교를 거치면서 우리는 물리, 화학, 생물, 지구과학 이렇게 네 과목으로 자연과학을 나누어 배웠다. 그 결과 대학에 진학할 때 대부분 화학과와 화학공학과의 차이는 무엇인지, 화학의 종류가 얼마나 다양한지 알지 못한 채 입학한다. 다양한 종류의 화학 중에서도 '화학의 네 기둥'으로 불리는 유기화학, 무기화학, 물리화학, 분석화학을 먼저 살펴보자.

유기화학은 생명에서 비롯된 유기 화합물을 연구하는 화학이었으나, 요즘에는 탄소를 기반으로 하는 탄소 화합물을 연구하는 학문이라고 설명한다. 유기 화합물 하면 쉽게 3대 영양소인 탄수화물과 지방, 단백질을 떠올리면 된다. 탄수화물과 지방은 모두 탄소(C), 수소(H), 산소(O)로 이루어져 있다. 단백질은 이 세 가지 원소에 질소(N)가 더해져서 구성된다.

모든 탄소 화합물은 탄소와 수소가 결합한 탄화수소를 기본으로 한다. 우리 주변에서 쉽게 접할 수 있는 석유류와 천연가스도 탄화수소이다. 유기화학은 이러한 탄화수소를 기본으로 산소, 질소, 황 등의 다른 원소가 결합된 매우 다양한 물질을 다룬다.

무기화학은 탄소 화합물을 제외한 거의 모든 물질의 구조와 화학적 성질, 반응 등을 연구한다. 예를 들어 철과 산화철을 구성하는 입자들의 구조, 수은(Hg)이나 납(Pb) 등 중금속의 성질과 반응, 수정 같은 광물의 구조와 그 안에서 빛이 진행하는 경로 등을 다룬다.

반도체를 구성하는 원소인 규소(Si)와 다른 원소 간의 반응과 새로 생성되는 물질의 구조 및 특성을 비롯해서 여러 해 동안 농사로 산성화된 토양을 회복시키는 데 사용되는 산화칼슘(CaO, 생석회) 등의 물질도 무기화학을 통해 이해할 수 있다.

물리화학은 물질이 화학적 변화를 일으키는 과정(chemical reaction)에서 어느 정도의 에너지를 밖으로 방출하거나 흡수하는지, 그 변화가 몇 단계에 걸쳐서 일어나는지, 그리고 온도가 높거나 낮을 때 또는 물질이 작거나 클 때와 같은 조건의 변화에 따라서 반응의 속도가 어떤 차이를 보이는지를 연구하고, 수학적으로 해석한다.

탄화수소(석유류)의 화학 반응을 이해하고, 온도에 대한 반응 속도의 변화 및 질소 산화물이 배출되는 양과 공기 속에서의 흐름 등을 계산하고 조절하는 데 기본이 되는 학문이 물리화학이다.

분석화학은 화학적으로 물질을 분석하는 방법을 연구하는 학문으로 물질을 구성하는 성분 원소의 종류를 알아내는 정성분석과 각 성분 원소의 양이나 비율을 알아내는 것을 목적으로 하는 정량분석으로 크게 나눌 수 있다.

가장 실험에 기반을 둔 화학으로 고대 연금술사의 실험부터 유해물질인 다이옥신을 검출하는 방법까지 모든 물리·화학적인 분석의 방법과 절차 및 이론을 연구하는 분야이다. 분석화학을 통해 바닷물의 염도와 커피 한 잔에 들어 있는 카페인의 양까지 많은 물질의 구성 성분과 비율이 알려지게 되었다.

담배 연기의 흐름까지 계산한다

화학의 정의와 화학의 분야를 안다는 것은 우리에게 어떤 의미가 있을까? 건강의 적으로 자주 언급되는 담배를 예로 들어보자. 요즘은 흡연 인구가 줄어드는 추세이지만, '담배를 끊는 사람은 대단하다.'는 인식은 그대로다. 그렇다면 담배를 끊는 것은 왜 어려울까?

담배 연기를 자세히 관찰하면 두 가지 다른 흐름의 조합이 보인다. 담배 연기는 담뱃불이 붙은 곳에서부터 한 줄로 곧게 올라간다. 일정 구간 한 줄로 곧게 올라가던 연기는 어느 시점부터는 구불구불 뱀처럼 퍼져서 올라가게 된다.

물리화학 중 기체 및 액체의 흐름과 운동에 대해 연구하는 유체역

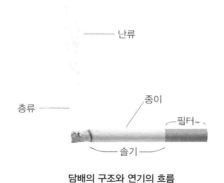

담배의 구조와 연기의 흐름

21

학에서는 곧게 올라가는 연기를 층류(laminar flow), 구불구불해지는 연기를 난류(turbulent flow)라고 한다. 갑자기 왜 연기의 흐름에 대한 이야기일까? 담배 연기의 층류와 난류의 길이 및 옆으로 퍼지는 각도와 모양이 모두 유체역학적으로 계산된 값이기 때문이다.

일반적으로는 담배는 '니코틴(nicotine)'이라는 물질의 중독성만을 생각하지만, 사람들이 담배를 피우는 이유는 크게 두 가지다. 몸에서 니코틴에 의한 생리화학적인 신경계의 반응이 첫 번째라면, 그다음으로 큰 영향을 주는 것은 담배 연기의 흐르는 모양에서 받는 심리적인 안정감 또는 위로이다.

이런 이유로 담배 회사에서는 담배 연기의 모양에 따라 사람들이 느끼는 안정감을 국가와 연령, 성별, 문화 및 환경별로 조사한다. 그 결과를 토대로 담배의 길이, 두께, 담뱃잎을 말렸을 때의 수분 함유량, 담뱃잎의 크기, 한 개비 안에 들어 있는 양과 조밀도, 그리고 필터를 구성하는 물질 속 기공(공기가 흐를 수 있는 구멍)의 크기 등을 조절해 같은 회사의 담배라도 조금씩 차이를 둔다.

이것이 담배 회사에 유체역학과 심리학 전공자가 다수 존재하는 이유이다. 최근에는 담배 연기에 대한 금연자들의 반감을 고려하여 연기 없는 담배가 출시되고 있지만, 아직은 전통적인 담배가 주는 만족감에 비해 큰 반향이 없는 듯하다. 주변에 흡연하는 사람이 있다면 멀찍이 떨어진 거리에서 담배 연기를 관찰하면서 이 내용을 다시 생각해보면 흥미로울 것이다.

유기화학적으로 니코틴은 알칼로이드(alkaloid)의 일종으로 주로 담뱃잎에서 발견된다. 알칼로이드는 식물의 잎, 껍질, 뿌리 또는 씨에서 발견되는 아민(amine)이다. 쉽게 말하자면 식물에서 뽑아내는 알칼리성 물질이다. 탄소와 수소가 주축이 되는 탄소 화합물의 중간 중간에 질소가 연결되어 있는 물질을 모두 묶어서 분류한다. 암모니아(약한 염기성 물질)의 기본 골격에서 수소 대신, 탄소와 수소가 결합한 덩어리가 들어간 물질의 대표명이라고 생각하면 된다.

감기약과 마약 사이

에페드린(ephedrine)과 슈도에페드린(Pseudoephedrine)은 중국과 몽골에서 발견되는 식물인 마황(麻黃)에서 추출되는 알칼로이드이다. 다음 쪽의 화학식에서 가장 왼쪽과 가운데 구조식의 차이를 구별할 수 있다면 어느 정도의 화학 수준에 이르렀다고 생각해도 좋다. 복잡하고 어려워서 보기 싫다고 생각된다면 틀린 그림 찾기라고 생각해보자.

그림에서 육각형 도형의 오른쪽 한 칸 옆 OH(산소와 수소가 결합한 부분)를 보면, 왼쪽 구조는 진하고 길쭉한 삼각형으로 연결되어 있는데 가운데 구조는 점선으로 연결되어 있다. 진하고 길쭉한 삼각형은 화학자들이 그 부분이 평면에 대해 앞쪽으로 튀어나와 있음을 나타내는 기호이고, 점선은 뒤쪽으로 들어가 있음을 나타내는 기호이다. 원자의 연결 순서는 모두 같으나 오직 차이 하나는 OH부분이 앞으로 뒤로 들어가 있다는 것뿐이다.

23

에페드린(왼쪽)과 슈도에페드린(가운데), 메스암페타민(오른쪽)의 화학식 구조

그림의 왼쪽은 에페드린이란 물질로 아드레날린과 비슷하게 혈압 상승, 심장 기능 촉진, 혈관 수축, 기관지 확장, 그리고 중추신경 흥분 등의 작용을 해 기관지 천식 치료제로 사용된다. 가운데는 슈도에페드린이란 물질로 혈관 수축, 기관지 확장, 중추신경 흥분, 그리고 비충혈(콧물/코막힘) 완화 효과가 있어서 코감기약의 주성분으로 사용된다.

에페드린 계열은 중추신경을 흥분시켜 불면증 및 각성 효과가 있지만, 대부분의 코감기약에는 항히스타민제가 들어가서 졸음을 유발하게 된다. 시선을 한 칸 오른쪽으로 옮겨 또 한 번 왼쪽과 오른쪽을 비교해보자. 이젠 좀 더 쉽게 두 물질의 차이를 볼 수 있을 것이다.

가운데 물질에서 OH 부분을 빼면 오른쪽 물질이 된다. 가운데는 위에서 살펴본 슈도에페드린으로 코감기약의 주성분이고, 오른쪽의 물질은 메스암페타민(Methamphetamine)이란 물질로 우리에겐 필로폰(Philopon)으로 알려진 마약이다.

필로폰은 1888년 일본 도쿄대학교 의학부의 나가이 나가요시(長井長義) 교수가 감기약을 개발하던 중 만든 물질이다. 축농증과 기침에 효과가 있었지만, 각성 효과라는 부작용이 발견되었다. 한때는 피로회복

제로 상용화되었던 물질이었다. 중독성이 강해 1951년 일본에서는 마약류로 금지되었지만, 1970년대까지 유럽 등 여러 국가에서는 계속 사용되었다.

이런 사실에서 알 수 있듯이 화학이란 이미 존재하는 물질의 조성과 구조, 성질 및 변화, 응용 등을 연구하는 학문이기도 하지만, 자연계에 없던 새로운 물질을 만들어내고 그 물질의 물리·화학적 성질과 변화를 연구해 인류 역사를 조금씩 바꿔갈 수 있는 학문이기도 하다.

물질의 본성을 탐구한다

화학이란 물질과 물질의 변화, 그리고 그 변화 과정에서 출입하는 에너지에 대해 연구하는 학문이다. 물질의 본성을 알아내기 위해서는 물질을 구성하는 원소와 그들이 결합된 방식 등을 찾아내야 한다. 물질이 가진 물리적 성질과 화학적 성질을 연구해 물질을 몇 가지로 분류한다. 그렇게 분류된 물질의 물리적 변화와 화학적 변화 과정을 연구하고, 그 속에서 찾아낸 지식을 실제 생활에 적용하는 과정을 통해 사람들의 생활에 도움이 되고자 한다.

화학을 본격적으로 공부하기 위해서 대학에 진학할 때 대부분의 학생에게는 두 가지 선택지가 주어진다. 자연과학대학의 화학과와 공과대학의 화학공학과인데, 화학과는 앞서 언급한 화학의 네 기둥을 중심으로 배운다면, 화학공학과는 좀 더 수학 쪽으로 치우치는 경향을 보인다.

화학과가 화학이 주로 연구하는 물질 그 자체에 대해 집중한다면, 화학공학과는 화학을 기반으로 제품을 생산하는 과정의 도입량과 생산량을 계산해 이익을 추구하는 경제 활동을 목적으로 한다. 그렇기 때문에 화학 반응을 공장에서 생산하는 공정으로 옮겨가기 위한 수학적 계산과 설계를 집중적으로 공부하는 것이다(좀 과장하면 화학의 탈을 쓴 수학 문제를 주로 다룬다고 생각할 수도 있다.).

이렇게 자연과학과 공학 분야에서 하는 일이 차이가 있다는 사실을 대부분의 고등학생이 모르고 있다. 학교에서도 이런 차이를 알려주기보다는 점수에 맞춰 학교를 선택하고 있어서 많은 신입생이 대학에 입학 후 혼란스러워 한다.

화학은 우리에게 단순히 어렵고 복잡한 학문의 분야가 아닌, 알면 알수록 우리의 삶을 조금 더 편리하게 해주는 지식이다. 가습기 살균제는 왜 많은 생명을 빼앗아갔을까? 세제는 어떻게 사용해야 안전할까? 우리 삶의 매우 많은 부분을 바꿀 수 있는 '화학적인 결정'을 합리적이고 과학적으로 판단할 수 있도록, 우리 스스로가 화학자가 되어 그동안 화학에 대해 몰랐던 부분을 알아가고, 잘못 알고 있던 부분은 하나씩 바로잡아보자.

비닐봉지의 진실

원자의 특징과 옥텟 규칙

비닐봉지? 플라스틱 백?

시장에 다녀오는 엄마의 손에 비닐봉지가 잔뜩 들려 있다. 검은색이나 흰색 등 다양한 색의 비닐봉지에는 대개 채소, 고기, 과일 등이 들어 있을 것이다. 혹시나 좋아하는 과자라도 나온다면 기분이 좋아진다. 우리에게 익숙한 '비닐봉지'는 외국에서 '플라스틱 백(plastic bag)'이라는 단어로 더 많이 사용된다. 그 이유는 무엇일까? 일상생활에서 흔히 볼 수 있는 비닐봉지에 대해 알아보려면, 먼저 탄소 원자의 특징과 '옥텟 규칙(octet rule, 팔전자 규칙)'을 살펴봐야 한다.

먼저 원소(element)와 원자(atom), 그리고 분자(molecule)에 대해 알아보자. 원소는 독특한 화학적 특징을 가진 입자들을 묶어서 부르는 집합의 이름이다. 비슷한 이름의 원자는 그러한 집합(원소)에 포함되는 하나하나의 독립된 입자를 말한다.

29

초록색과 검은색의 줄무늬가 있고 잘라보면 빨간색 과육에 검은색 씨가 있는 과일을 수박(원소)이라고 부른다. 과일 가게에서 수박을 살 때 "수박 한 통(원자) 주세요." 이렇게 개수로 구입하는 것을 생각하면 이해하기 쉽다. 모든 화학 원소는 플러스(+) 전기를 띠는 중심(원자핵)과 바깥에 마이너스(−) 전기를 띠는 전자구름으로 구성된다. 다른 점이 있다면, 원자핵 속의 (+)를 나타내는 입자(양성자)의 수와 핵을 둘러싼 구름에 들어 있는 (−)를 나타내는 입자(전자)의 수에 따라 구분한다는 것이다.

'수소 원소'는 원자핵에 양성자 한 개, 그리고 바깥을 둘러싸는 전자구름에도 전자 한 개가 들어 있는 모든 화학 입자를 부르는 이름이다. '수소 원자'는 양성자 한 개만 들어 있는 원자핵과 전자 한 개만 들어 있는 구름으로 구성된 독립된 입자를 의미한다. 수소(H)와 헬륨(He)처럼 전자구름에 전자껍질이 딱 하나인 원자를 제외한 모든 원자의 전자구름은 전자가 들어 있는 껍질이 겹겹이 있다고 생각하면 쉽다.

옥텟 규칙

원소 주기율표는 화학 원소를 중요한 특징에 따라 나열해 놓은 것으로 가로를 주기(period), 세로를 족(group)이라고 한다. 열여덟 개의 세로줄인 각 족은 원소가 가지는 가장 바깥껍질의 전자 수를 나타내는데, 이 전자 수가 화학 원소의 거의 모든 특징을 결정한다고 봐도 된다.

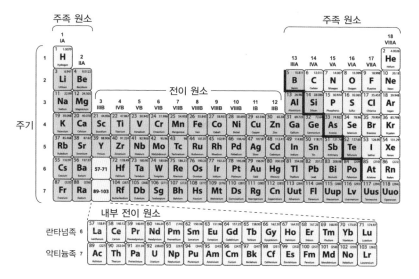

원소 주기율표

    그 이유를 정확하게 밝혀낸 화학자는 아직까지 나타나지 않았지만, 대부분의 원자는 가장 바깥껍질의 전자 수가 여덟 개가 될 때 안정해진다. 이렇게 가장 바깥껍질의 전자가 여덟 개가 될 때 안정해진다는 화학 규칙을 '옥텟 규칙'이라고 부른다. 앞으로 우리가 만날 대부분의 분자는 옥텟 규칙을 만족하기 위해 원자들이 서로 결합한 결과로 만들어진 입자이다.

    예를 들어, 염소(Cl)는 원자번호가 17번인 원소로 원자핵을 둘러싼 전자구름이 세 개의 전자껍질로 나누어져 있다. 원자핵과 가장 가까운 첫 번째 껍질은 너무 작아서 전자가 두 개만 들어가고, 두 번째 껍질에는 여덟 개, 그리고 세 번째 껍질에는 일곱 개의 전자가 들어 있다. 가

31

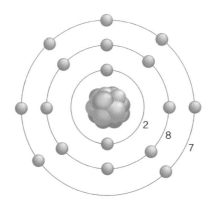

염소 원자의 구조

장 바깥껍질을 채우기 위해서는 한 개의 전자가 더 필요한데, 염소 원자가 한 개의 전자를 더 구해서 안정해지려면 두 가지 방법이 있다.

첫 번째 방법은 주기율표의 첫 번째 세로줄에 있는 원자, 즉 '1족 원소'라고 부르는 가장 바깥껍질에 전자가 한 개만 있는 원자들의 전자를 빼앗는 것이다. 이 방법은 염화나트륨의 생성 과정을 통해 그 예를 찾아볼 수 있다.

대표적인 1족 원자인 Na(나트륨이라고 알고 있지만, 지금은 소듐이라고 부른다.)는 염소 원자에게 가장 바깥 전자껍질에 있던 한 개의 전자를 빼앗기면 전자 여덟 개가 채워진 두 번째 껍질이 가장 바깥껍질이 되어 안정해진다. 한 개의 전자가 부족하다는 의미에서 Na^+(나트륨 이온=소듐이온)라고 쓴다. 염소 원자는 빼앗은 한 개의 전자로 가장 바깥껍질을 전자 여덟 개로 채워서 안정해지고 한 개의 전자가 많다는 의미로

우리 집에 화학자가 산다

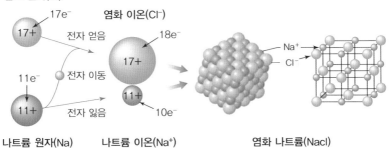

염화나트륨의 생성 과정

Cl^-(염화이온)라고 쓴다. 이렇게 만들어진 두 이온(전기를 띤 입자)은 전기적인 힘(정전기력, 쿨롱의 힘)이라고 부르는 힘으로 서로 끌어당겨서 붙는다.

　이렇게 두 입자가 화학적으로 결합했을 때 이름을 붙이는 방법은 뒤에 쓰는 입자의 이름에 '-화'라는 어미를 붙이고, 앞의 입자의 이름을 뒤에 붙인다. $NaCl$이라는 새로운 화학 물질은 염화나트륨(=염화소듐)이라는 화학적 명칭을 갖게 되는 것이다. 영어로 이름을 붙일 때는 앞쪽 입자의 이름을 먼저 쓰고 뒤쪽 입자의 이름에 '-화'에 해당하는 어미인 '-ide'를 붙여서 소듐클로라이드(sodium chloride)라고 한다. 일상 생활에서 우리가 소금이라고 부르는 것의 또 다른 이름이다.

　얼마 전 화장품을 사려고 인터넷 검색을 하던 중, 몇 가지 신상품을 비교한 기사를 보았다. "A크림은 새롭게 '소듐클로라이드'를 첨가해 피부 트러블을 진정시키고 항염 작용을 해 피부를 건강하게 하는 특

33

징이 있다." 이 기사에서 강조한 '소듐클로라이드'라는 성분은 마치 화학적으로 특별하고 새로운 물질처럼 보이지만, 화학자의 눈으로 본다면 그저 '소금'을 첨가한 것뿐이다. 인기 있는 치약 제품에 널리 사용되는 소금의 항균·항염 작용을 화장품에 응용한 제품이었다.

만약 화장품을 홍보하면서 새로 첨가한 물질의 이름을 염화나트륨 또는 염화소듐이라고 썼으면 반응이 어땠을까? 많은 사람이 염화나트륨이 소금의 주성분이라는 것을 알고 있기 때문에 큰 반향이 있지는 않았을 것이다. 그저 영문 화학명 그대로 노출했을 뿐이지만, 많은 사람에게 낯설고 새롭게 느껴져 매우 업그레이드한 제품인 것처럼 홍보할 수 있었다.

홍보 기사를 본 사람들이 제품을 구매하는 데 좀 더 매력을 느낄 수 있게 되는 것은 우리가 가진 화학에 대한 이중적인 잣대를 잘 보여준다. 왠지 과학적으로 들리는 화학 성분명이 들어 있다는 것만으로도 좀 더 진보한 제품이라고 믿는 생각. 과연 나는 '염화나트륨'과 '소듐클로라이드'를 들었을 때 어떤 느낌을 받는지 한번 생각해보는 건 어떨까?

공유 결합과 분자

원자가 안정해지는 두 번째 방법은 전자를 공동 소유하는 것이다. 예를 들어 염소 원자만 있다면 서로 전자를 빼앗길 생각이 전혀 없으므로, 두 원자가 전자를 하나씩 내어놓고 공동 소유하는 방법밖에 없다. 이렇게 되면 두 염소 원자는 서로 묶여서 하나의 입자처럼 행동하게 된다. 전자를 공동 소유하는 과정을 '공유 결합'이라고 하며, 공유 결합으로 묶인 새로운 입자를 '분자'라고 한다.

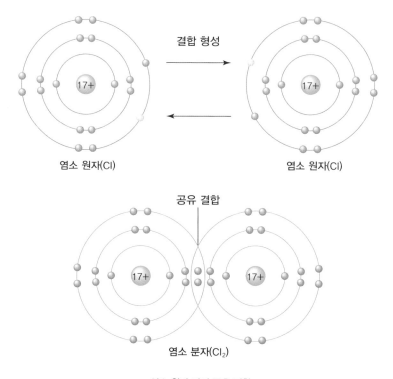

염소 원자 간의 공유 결합

공유 결합은 크게 세 종류가 있다. 첫 번째는 염소 원자에서 볼 수 있는 것처럼 두 원자가 한 개씩 전자를 내놓아 공유 결합을 형성하는

2. 비닐봉지의 진실

'단일 결합'이고, 두 번째는 가장 바깥껍질의 전자가 여섯 개인 산소 원자끼리 공유 결합할 때와 같이 옥텟 규칙을 만족시키기 위해 각 원자가 두 개씩 전자를 공동 소유해서 이루어지는 '이중 결합', 마지막 세 번째로는 가장 바깥껍질의 전자가 다섯 개인 질소 원자끼리 분자를 만들 때와 같이 각 원자가 세 개씩 전자를 공유해 발생하는 '삼중 결합'이다.

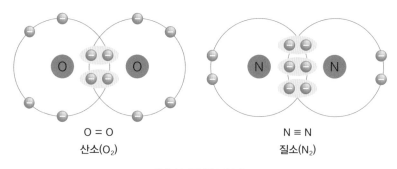

산소 분자와 질소 분자

원자가 공유 결합을 하는 이유는 서로 전자를 공동 소유함으로써 옥텟 규칙을 만족시켜 안정해지려는 성질 때문이다. 이런 결합을 끊어서 다시 원자로 분리하려면 에너지가 필요하다. 두 원자가 하나의 공유 결합을 할 때보다 두 개 또는 세 개의 공유 결합을 할 때 더 단단하게 묶여 있으므로 결합을 끊기 위한 에너지도 더 많이 필요하다.

비닐봉지와 옥텟 규칙

비닐봉지를 구성하는 주성분인 탄소(C)는 원자번호 6번이다. 원자핵에 양성자 여섯 개가 있고 첫 번째 전자껍질에 두 개의 전자, 두 번째 전자껍질에 네 개의 전자가 들어 있기 때문에 옥텟 규칙을 만족하기 위해서는 네 개의 전자를 버리거나 빼앗아야 한다. 따라서 탄소는 주로 네 개의 전자를 다른 원자와 공동 소유(네 개의 공유 결합)해 매우 다양한 분자를 형성한다. 이런 다양한 분자들에 관해 연구하는 학문이 앞서 이야기한 '유기화학'이다.

우리가 사용하는 대부분의 비닐봉지는 폴리에틸렌(polyethylene, PE)이라고 부르는 물질이다. 이 물질을 만드는 기본 물질(단위체)은 에텐(ethene) 또는 에틸렌(ethylene)이라고 부르는 탄소 두 개와 수소 네 개로 이루어진 간단한 분자다. 구조를 살펴보면 두 개의 탄소는 서로 이중결합을 하고, 각 탄소에 남은 두 개의 전자는 수소 원자 두 개와 단일결합을 하고 있다.

분자 모형　　　　원자 배치 모형(평면)　　　　구조식

에틸렌의 구조

탄소의 결합과 에너지

결합	결합 차수	결합 길이(pm)	결합 에너지(kJ/mol)
C－C	1(단일 결합)	154	347
C＝C	2(이중 결합)	134	614
C≡C	3(삼중 결합)	121	839

탄소 사이 이중 결합의 에너지는 단일 결합 에너지의 두 배보다는 적다. 이는 두 번째로 생긴 결합이 좀 더 끊어지기 쉽다는 것을 의미한다. 화학자들은 이 특성을 이용해 새로운 물질을 만들어냈다. 에틸렌 분자를 여러 개 모아 탄소 사이 이중 결합 중 더 약한 결합을 끊어버린 것이다. 각 탄소 원자에는 결합하지 못한 전자가 하나씩 발생하고, 이 전자들은 옥텟 규칙을 만족시켜 안정해지기 위해 서로 새로운 결합을 형성하게 된다.

그 결과 에틸렌 분자의 이중 결합 중 하나가 끊어지고 모든 탄소 원자가 단일 결합으로 계속 연결되는 길고 반복적인 구조의 거대한 새로운 분자가 만들어진다. 이렇게 단위체(monomer)들이 반복적으로 결합하여 생성되는 거대 분자를 고분자(polymer)라고 하며, 그중 에틸렌이 반복적으로 결합한 분자를 '폴리에틸렌'이라고 한다. 여기서 '폴리(poly)'는 '여러 개'라는 의미이다.

폴리에틸렌(PE)은 제조 공정에 따라 탄소 사슬이 여기저기 가지를 친 모양으로 결합하는 저밀도 폴리에틸렌(low density polyethylene, LDPE)

과 탄소 원자들이 한 줄로 쭉 결합하는 고밀도 폴리에틸렌(high density polyethylene, HDPE)으로 나눌수 있다. LDPE는 부드러운 재질로 가공이 쉽고 전기 절연성과 내약품성이 좋지만, 열에 약해 뜨거운 물이나 열을 가하면 변성되는 단점이 있다. 반면 HDPE는 열에 강하고 강도도 크지만 딱딱한 물성을 가진다.

기술이 발달하면서 열에도 강하고 부드러우면서 무독성인 LLDPE(선형저밀도 폴리에틸렌)도 등장하게 되었다. LLDPE는 음식을 포장하는 데 사용되는 랩과 햄, 소세지, 어묵 등의 식품 포장용 봉투로 널리 사용되고 있다.

페트병은 페트병이 아니다

폴리에틸렌을 가장 쉽게 접할 수 있는 예로 우리가 주로 마시는 생수병이 있다. 대부분 투명한 병에 색이 있는 뚜껑을 갖고 있다. 투명하고 잘 찌그러지고 뜨거운 물을 넣으면 오그라드는 병 부분이 LDPE이고, 색이 있고 단단한 뚜껑이 HDPE이다.

대부분 음료수 병을 모두 페트(PET)병이라고 부르는데, 사실 PET는 이온음료나 탄산음료 병 중에서 특별히 단단한 몇 가지 종류에 한정해 사용되는 폴리에틸렌테레프탈레이트(polyethylene terephthalate)라고 하는 아주 다른 고분자를 부르는 이름이나. 우리가 사용하는 페드병은 사실 PE병이지만 그냥 초기에 몇몇 음료수 병으로 사용되던 PET를 관용적으로 사용하고 있어서 생긴 잘못된 이름이다.

이처럼 비닐봉지는 고분자 중에서 가장 간단한 PE를 이용하므로 투명하거나 다양한 색을 가진 여러 용도의 다양한 제품을 값싸게 생산할 수 있다. PE로 만든 비닐봉지니까 고분자를 의미하는 '플라스틱'이라는 이름을 붙여서 '플라스틱 백'이라고 부르는 것이다.

'비닐'이라는 이름

그렇다면 이제 문제의 '비닐' 차례이다. 놀랍게도 비닐(vinyl, '바이닐'이라고 부른다.)은 에틸렌에서 수소 하나를 떼어낸 부분을 의미하는 작용기(functional group, 화학에서 특정한 원자들이 결합하여 독특한 성질을 나타내는 원자 집합체)의 이름이다.

비닐기의 구조

예를 들어 흔히 들어본 PVC 파이프, PVC 매트 등의 PVC라는 고분자는 폴리염화비닐(Poly Vinyl Chloride)의 약자로 비닐기에 염소 원자가 하나 결합한 형태의 염화비닐 단위체가 반복적으로 결합해서 만들어진다.

염화비닐과 PVC의 구조

이제 비닐봉지의 이름에 대한 궁금증이 조금은 풀렸을까? 플라스틱 백이 좀 더 일반적인 고분자 전체를 나타내는 이름이라면, 우리나라의 비닐봉지는 재료인 PE의 구조, 더 나아가 PE의 단위체인 에틸렌을 구성하는 작용기인 '바이닐'을 특정하여 붙인 좀 더 고분자 화학적인 이름이다.

하지만 어릴 때부터 어른들이 이야기하던 비닐봉다리나 비닐하우스에 익숙한 우리에게 'vinyl group'이라는 매우 화학적인 이름은 여전히 낯설기만 하다. 대체 어른들은 예전부터 이 어려운 이름을 어찌 알고 그렇게 편하게 써오신 건지 마냥 궁금할 뿐.

03

코팅 프라이팬의 비밀

비닐기 고분자의 특성

비닐봉지의 특성은 무엇일까?

2장에서 이야기했던 비닐봉지의 비닐(바이닐)은 탄소 원자 두 개와 수소 원자 세 개로 구성된 특정한 원자 집합체를 부르는 이름이었다. 일반적으로 사용되는 비닐봉지는 이러한 비닐기에 수소 하나가 더 붙은 에틸렌 여러 개가 길게 결합한 고분자 폴리에틸렌으로 만들어진다. 그렇다면 비닐기에 다른 원자가 붙으면 어떻게 될까?

먼저 다양한 고분자의 특성을 알아보기 위해 탄소 화합물의 이름을 붙이는 방법부터 살펴보자. 가장 기본적인 탄소 화합물은 탄소와 수소로만 이루어진 탄화수소다. 그중 탄소끼리 한 쌍의 전자만을 공유한 단일 결합으로 연결된 포화탄화수소인 알케인(Alkane, 예전에는 알칸으로 불렸다.)을 예로 들어보자.

탄소 화합물의 이름을 붙이는 방법

탄소 수	어간	분자식	탄화수소 이름 (최근 이름 / 예전 이름)
1	Meth-	CH_4	Methane (메테인 / 메탄)
2	Eth-	C_2H_6	Ethane (에테인 / 에탄)
3	Prop-	C_3H_8	Propane (프로페인 / 프로판)
4	But-	C_4H_{10}	Butane (뷰테인 / 부탄)
5	Pent-	C_5H_{12}	Pentane (펜테인 / 펜탄)
6	Hex-	C_6H_{14}	Hexane (헥세인 / 헥산)
8	Oct-	C_8H_{18}	Octane (옥테인 / 옥탄)

LPG와 LNG의 차이

표에서 볼 수 있듯이 탄소가 한 개인 메테인(Methane)은 가장 작고 간단한 탄화수소이기 때문에 가벼워서 주로 기체 상태로 존재한다. 기체 상태인 메테인은 저장과 운반의 편리를 위해 액화시킨 LNG (Liquefied Natural Gas, 액화 천연가스) 형태로 설치된 관을 통해 아파트 단지 등에서 주로 사용한다.

반면에 가스통에 담겨 배달되는, 대부분의 사람들이 '프로판가스'라고 이야기하는, LPG(Liquefied Petroleum Gas, 액화 석유가스)는 실제로는 프로페인(프로판)가스와 뷰테인(부탄)가스의 혼합물이다. 휴대용 가스버너에 주로 사용되는 부탄가스는 말 그대로 뷰테인(부탄)가스다. 메탄보다는 프로판이, 프로판보다는 부탄이 분자 하나를 구성하는 탄소와 수소 원자의 개수가 많다. 분자끼리 잡아당기는 힘이 세고 더 강하게 끌어당겨서 액체로 되려는 경향이 크기 때문에 적은 비용으로도 쉽게 액체로 만들 수 있어 휴대용 가스로 사용하기가 쉽다.

$$H-\overset{\overset{\textstyle H}{|}}{\underset{\underset{\textstyle H}{|}}{C}}-H \qquad H-\overset{\overset{\textstyle H}{|}}{\underset{\underset{\textstyle H}{|}}{C}}-\overset{\overset{\textstyle H}{|}}{\underset{\underset{\textstyle H}{|}}{C}}-H \qquad H-\overset{\overset{\textstyle H}{|}}{\underset{\underset{\textstyle H}{|}}{C}}-\overset{\overset{\textstyle H}{|}}{\underset{\underset{\textstyle H}{|}}{C}}-\overset{\overset{\textstyle H}{|}}{\underset{\underset{\textstyle H}{|}}{C}}-H \qquad H-\overset{\overset{\textstyle H}{|}}{\underset{\underset{\textstyle H}{|}}{C}}-\overset{\overset{\textstyle H}{|}}{\underset{\underset{\textstyle H}{|}}{C}}-\overset{\overset{\textstyle H}{|}}{\underset{\underset{\textstyle H}{|}}{C}}-\overset{\overset{\textstyle H}{|}}{\underset{\underset{\textstyle H}{|}}{C}}-H$$

메테인(메탄)　　　　에테인(에탄)　　　　프로테인(프로판)　　　　뷰테인(부탄)

에테인(에탄)에서 에텐(에틸렌)으로 바뀌는 과정은 영어 이름 ethane 에서 ethene으로 a가 e로 바뀌는 작은 차이지만, 화학적으로는 탄소끼리 단일 결합하던 에테인에서 탄소끼리 이중 결합을 하는 에텐으로 바뀌는 매우 큰 변화이다.

$$H-\overset{\overset{\textstyle H}{|}}{\underset{\underset{\textstyle H}{|}}{C}}-\overset{\overset{\textstyle H}{|}}{\underset{\underset{\textstyle H}{|}}{C}}-H \qquad\qquad \overset{\overset{\textstyle H}{|}}{\underset{\underset{\textstyle H}{|}}{C}}=\overset{\overset{\textstyle H}{|}}{\underset{\underset{\textstyle H}{|}}{C}}$$

에테인(에딘)　　　　　　　에텐(에딜렌)

마찬가지로 프로펜(프로필렌)과 뷰텐(뷰틸렌)도 똑같이 탄소 사이에 이중 결합이 하나 있는 탄화수소가 된다.

프로펜(프로필렌)   1-뷰텐(1-뷰틸렌)

1-뷰텐의 '1'은 이중 결합이 1번 탄소와 2번 탄소 사이에 있다는 것을 의미한다.

따라서 에틸렌끼리 이중 결합 중 하나를 끊고 옆의 분자와 다시 결합으로 쭉 연결되어 기다란 폴리에틸렌을 만드는 것처럼, 프로펜(프로필렌)도 이중 결합 중 하나를 끊고 서로서로 단일 결합으로 연결되는 고분자인 폴리프로필렌(poly propylene, PP)을 만들게 된다. 프로필렌은 비닐기에 −CH₃가 더 붙어서 탄소 원자가 총 세 개인 분자이다.

어떤 밀폐용기를 사용해야 할까?

폴리에틸렌은 탄소 원자를 두 개씩 가진 에틸렌이 반복되어 계속 결합한(화학적 용어로는 중합polymerization한다고 한다.)한 고분자이지만, 폴리프로필렌은 탄소 원자가 세 개씩인 프로필렌이 중합한 고분자이므로 좀 더 탄탄하고 열에도 강하다. 열에도 약하고 덜 탄탄했던 폴레에틸렌(PE)이 비닐봉지를 비롯한 여러 방면에 사용되었다면, 폴리프로

프로펜(프로필렌)에서 폴리프로필렌이 되는 반응

필렌(PP)은 어디에 사용할까?

가정에서 쉽게 접할 수 있는 폴리프로필렌은 플라스틱으로 된 밀폐용기다. 도시락이나 반찬 등을 담는 뚜껑 있는 밀폐용기 대부분이 폴리프로필렌으로 만들어진다. PP로 만들어지는 밀폐용기는 일반적으로 −20℃에서 120℃까지 안전하다고 되어 있어 차가운 음식이나 뜨거운 음식을 담아도 괜찮다. 프로필렌이 길게 결합되어 만들어지는 폴리프로필렌은 반응성이 없어서 뜨거운 물에 녹아 나오지도 않고 사람이 섭취하더라도 몸속에 흡수되지 않아 안전하다.

하지만 안전한 폴리프로필렌도 문제는 발생한다. 100개의 프로필렌이 결합하여 기다란 폴리프로필렌이 만들어지는 과정에서 한두 개가 결합하지 않고 남아 폴리프로필렌 사슬 사이에 낄 수 있기 때문이다. 밀폐용기를 만드는 과정에서 플라스틱을 말랑말랑하게 하는 가소제(고분자 사슬 사이에 끼어서 고분자의 모양을 다양하게 만들기 쉽도록 부드럽게 해주는 화학 물질) 같은 화학 물질이 조금씩 첨가될 수도 있다.

이렇게 남은 프로필렌이나 가소제 등의 첨가제는 작은 분자이기 때문에 뜨거운 음식에 조금이라도 녹아 나오거나 인체에 흡수될 수 있다. 물론 나오지 않는 경우가 더 많고 나온다고 해도 아주 미량이라서 큰 문제가 되지 않을 거라 생각하지만, 되도록 뜨거운 음식은 식힌 후에 플라스틱 밀폐용기에 넣는 것이 좋겠다.

또한 새로 산 밀폐용기는 혹시라도 남아 있을지 모르는 프로필렌이나 가소제를 제거하기 위해 세제로 씻은 뒤 바람이 잘 통하는 베란다에서 햇빛을 한 시간 정도 쬐어준다. 햇빛의 자외선은 피부 세포핵에 있는 DNA 사슬의 결합을 끊어서 돌연변이인 암세포도 만들 정도로 강력하다. 자외선에 노출시키는 것만으로도 남은 작은 분자의 화학 물질에 에너지를 공급해 떨어져나가게 할 수 있다.

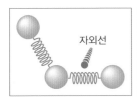 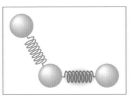 

같은 크기의 플라스틱 밀폐용기라도 가격이 천차만별이다. 이 차이는 어디에서 오는 걸까? 예를 들어, 반찬통으로 적당한 물리적 성질(가볍고 온도에 강하고 잘 안 깨지는)을 가진 PP를 만들기 위해서는 약 1만 개의 프로필렌이 연결되어야 한다고 가정하자. 이 연결을 시작시키는 개

우리 집에 화학자가 산다

시제(화학 반응을 할 수 있도록 결합을 끊어주는 화학 물질)와 반응 온도, 압력, 그리고 반응을 끝내는 종결제(더 이상 반응을 못하도록 끊어진 결합에 붙어서 반응을 멈추는 화학 물질)를 첨가하는 공정이 밀폐용기의 핵심 기술이다.

예를 들어, 저가의 밀폐용기가 평균적으로 9,900개에서 10,100개 정도(±100개)의 프로필렌이 결합된 PP의 혼합물이라고 생각하면, 고가의 밀폐용기는 좀 더 정밀한 기술로 9,990개에서 10,010개 정도(±10개)의 프로필렌이 결합된 PP의 혼합물이라고 생각할 수 있다. 물론 사용하는 가소제와 개시제, 종결제에도 조금 차이가 있을 것이다.

사슬을 구성하는 프로필렌의 개수가 200개 정도의 차이가 나는 혼합물은 짧은 것과 긴 것이 혼합된 상태라서 전체적으로 균일하지 않다. 따라서 열을 가하거나 충격을 가했을 때 약한 지점이 먼저 깨지는 현상이 나타나기 쉽다. 이런 화학적 지식을 생활에 조금 활용해본다면 반찬통으로는 고가의 밀폐용기를, 아이들의 장난감이나 과자, 소소한 물건을 수납하는 용도로는 저가의 밀폐용기를 사용하는 것이 좋다.

하지만 밀폐용기는 PP가 이용되는 아주 사소한 용도일 뿐이다. 탄탄하고 강한 PP의 성질을 이용해 여행용 가방이나 소형 전자기기의 뚜껑과 부품으로, 섬유 형태로 길게 만들어서 건축용 안전망, 어망, 마대, 로프 등을, 가늘게 실처럼 뽑은 섬유로 직물을 만들어서 부직포나 기저귀의 흡수제를 만드는 데에도 사용된다.

모든 PVC는 발암물질이다?

비닐기에 염소 원자가 결합한 염화비닐도 중합하면 폴리염화비닐 (Poly Vinyl Chloride, PVC)이 된다. 비닐이란 이름이 들어간 고분자 중에서 가장 오래전부터 널리 사용되어온 물질일 것이다. 염화비닐은 비닐기의 탄소와 가장 바깥 전자껍질에 전자 일곱 개가 들어 있는 원자번호 17번 염소 원자가 결합한 분자이다.

PVC는 전자를 끌어당기는 힘이 세고 커다란 염소 원자가 붙어 있기 때문에 사슬끼리 움직이기가 어려워서 단단하고 잘 부서지지 않는다. 전자가 많은 염소와 다른 화학 물질 간의 당기는 힘을 이용해 염료를 넣었을 때 다양한 색깔을 나타내는 특징이 있다. 따라서 말랑말랑하게 만드는 가소제를 다량 혼합해 부드러운 물성이 필요한 용도로 사용하고(벽지, 인조 가죽, 놀이용 매트, 장난감, 샤워커튼, 전선 피복재, 주사용 수액팩 등), 가소제를 적게 넣고 탄산칼슘과 같은 충전제를 다량 넣어 강도를 크게 증가시킨 후 고강도와 내구성이 필요한 곳에 사용한다(상하수도 배관, 바닥 타일, 건축 외장 재료, 자동차 내부의 플라스틱 부품, 전자기기 등).

문제는 이렇게 경제적이고, 강도와 물성을 조절하고, 색을 넣기도 쉽고, 내구성이 좋은 PVC를 만드는 염화비닐이라는 분자가 인체에 흡수될 경우 간과 폐, 혈액, 소화기의 암 발생과 연관되어 있는 발암물질이라는 것이다. 고농도에 단시간 노출되면 현기증, 졸림, 의식불명을 일으키며 오랜 시간 노출되면 사망할 수도 있다. 물론 저농도라도 장기간 흡입하면 면역반응 이상이나 신경손상 또는 간암을 유발할 수 있다.

최근의 화학 물질에 대한 공포증, '케모포비아'에 좀 더 치우친 사람들은 이러한 독성을 근거로 모든 화학 물질이 나쁘니 쓰지 말아야 한다고 주장한다. 그렇다면 모든 PVC를 쓰지 말아야 할까? 화학적 지식을 통해 지금부터 그 사실관계를 살펴보기로 하자.

놀이용 매트를 안전하게 사용하는 방법

염화비닐에 독성과 발암성이 있는 것은 사실이다. 그러나 앞에서도 이야기한 바와 같이 염화비닐이 결합한 폴리염화비닐은 그 자체가 아주 긴 사슬로 이루어진 고분자로, 인체에 흡수되지 않는 아주 안정한 분자이다.

한동안 염화비닐의 발암성과 독성을 근거로 아이들이 사용하는 놀이용 매트에 대한 여러 논란이 있었다. 하지만 PVC만큼 내구성이 좋고 다양하고 선명한 색깔을 넣기 쉬우며, 부드러우면서 얇은 두께에 비해 충분히 폭신해서 혹시 모를 안전사고에 대비하기 좋은 경제적인 고분자는 찾기 어렵다.

단적인 예로 분자 안에 염소 원자가 없어서 염화비닐에 비해 독성이 현저히 적은 PE를 이용한 놀이용 매트도 있긴 하지만, PVC 매트에 비해서는 훨씬 두껍고 내구성과 여러 가지 물성이 부족한 면이 있다. 그런 어떻게 해야 할까?

두 아이를 키우는 엄마로서 큰 아이가 태어났을 때부터 지금까지 쭉 PVC로 된 놀이용 매트를 사용하고 있다. 중간에 유리잔이 깨지면서 유리 조각이 박혀 바꾸긴 했지만, 그때도 같은 PVC 매트를 선택했다. 작은 차이가 있나면 사용하기 전에 약간의 수고스러운 처리 과정을 거쳤다는 것이다.

많은 엄마가 같은 과정을 거치고 있겠지만, 간략하게 전처리 과정을 소개한다. 세제를 풀어 매트를 깨끗하게 세척하고 물기를 닦은 다음 바람이 잘 통하는(하지만 가족들이 잘 안 가는) 곳에서 약 일주일간 햇빛을 쬐인 다음 사용하면 된다.

대부분의 플라스틱 계열 생활용품의 경우 새것에서는 '플라스틱 냄새'라고 하는 이상한 화학약품 냄새가 조금은 나기 마련이다. 이런 냄새의 원인은 주로 고분자 사슬 사이에 끼어 있는 염화비닐이나 부드럽게 만들기 위해 첨가하는 가소제 등의 화학 물질이다. 이런 물질은 앞서 이야기한 전처리로 거의 제거가 가능하다.

그래도 사라지지 않는 물질이라면 대부분 끓는 물에 20분 이상 둬야 용출될 정도로 안정하게 PVC 사슬에 박혀 있거나, 극미량이라고 생각하면 된다. 극미량의 불순물 때문에 꼭 필요한 용도의 매트를 사용하지 않아 발생하는 안전사고 및 층간 소음 문제를 일으키기보다는 미리 안전하게 이런 물질을 제거하고 사용하는 게 더 합리적인 선택이 아닐까?

테이크아웃 커피컵은 안전할까?

비닐기에 벤젠 고리(탄소 여섯 개와 수소 여섯 개가 결합한 육각형 모양의 화

우리 집에 화학자가 산다

학 분자)가 붙은 분자를 스타이렌(Styrene, 스티렌)이라 하고 이 분자들도 다른 비닐기가 있는 분자처럼 중합하여 폴리스타이렌(Poly Styrene, 폴리스티렌) 고분자를 만든다.

스타이렌(스티렌)에서 폴리스타이렌(PS)이 되는 반응

폴리스티렌(PS)은 투명하고 열에 강하고 강도도 적당해서 일회용 투명 컵으로 많이 사용된다. 아이스커피를 테이크아웃할 때 사용하는 컵이 바로 폴리스티렌으로, 얼음이 들어간 상태에서 뜨거운 에스프레소 샷을 넣어도 아무런 변화가 없는 안정한 플라스틱이다. 스티렌 역시 염화비닐처럼 색을 넣기가 쉬워서 알록달록한 플라스틱 의자나 다양한 생활용품으로 널리 사용된다.

스티렌은 벤젠 고리가 붙어서 앞에서 살펴본 에딜렌, 프로필렌, 그리고 염화비닐에 비해서 분자 하나의 질량이 크다. 이 때문에 폴리스티렌이 되었을 때 다른 고분자에 비해 훨씬 끈적끈적하다는 특징이 있다. 대부분 끈적거리는 물질은 모양을 만들기가 어려운 단점이 있으나 폴리스티렌 액제는 기제를 주입해 뿜어내면 아주 작은 서품(foam)이 생기면서 굳어져 스티로폼(styrene+foam=styrofoam)이 된다. 스티로폼은 단열재나 기구, 가전제품 포장의 충전제로도 널리 쓰이지만 사실 단단하고 단열 효과가 좋은 아이스박스나 자동차 내부의 충격을 흡수할 수 있는 내장재로도 많이 사용된다.

투명하고 탄탄한 일회용 컵으로 사용되는 폴리스티렌과 달리 값싸게 생산되는 저급 스티로폼은 가볍고 취급이 쉬워서 식품 용기로 많이 사용한다. 물론 폴리스티렌은 아주 안정해서 문제가 없지만 일회용으로 한 번 쓰고 버리는 저급 스티로폼 용기는 아무래도 반응하지 않고 남아 있는 스티렌의 양이 좀 더 많을 수 있다.

스티렌처럼 기름에 잘 녹고 독성이 강한 벤젠 고리가 있는 물질에는 뜨거운 음식을 담지 않는 것이 좋다. 다행스러운 건 최근 들어 이런 저급 일회용 스티로폼 용기보다는 제대로 된 일회용기를 사용하는 곳이 많아지고 있다는 점이다.

프라이팬 코팅의 비밀

마지막으로 비닐기와 연관된 고분자로 다룰 물질은 에틸렌과 기본 구조는 같지만, 수소 네 개 대신 플루오린(F, 불소) 원자 네 개가 들어간 테트라플루오로에틸렌(tetrafluoroethylene)이다. 화학 물질의 이름을 붙일 때 특정 원자가 하나임을 강조하기 위해서 모노(mono-)라는 접두사를, 두 개임을 강조하기 위해서는 디 또는 다이(di-)를, 세 개는 트리(tri-), 네 개는 테트라(tetra-)라는 접두사를 붙인다. 그래서 이 분자여러 개가 중합하여 생긴 고분자의 이름은 폴리테트라플루오로에틸렌(Poly TetraFluoroEthylene)의 약자를 따서 PTFE라고 하며, 상품명으로는 테프론(teflon)이라고 한다.

주기율표에서 살펴보면 플루오린과 염소는 모두 제일 바깥 전자껍질에 전자가 일곱 개 있는 원자이지만, 염소 원자가 플루오린 원자에비해 훨씬 크고 가진 전자의 수도 많다. 염화비닐이 중합한 폴리염화비닐은 사슬을 움직이기가 어려웠지만 플루오린은 염소와 달리 원자핵과 전자 사이의 거리가 가깝고(즉, 크기가 작고) 탄소와 플루오린 사이의 결합이 매우 단단해서 주변 분자와 전혀 상호작용을 하지 않는다.

따라서 PTFE는 700℃ 이상의 열에서만 분해 가능하고, 강한 산과염기 등의 화학 물질에도 부식되지 않을 정도로 열과 화학 물질에 강하다. 또한 내구성이 좋고 반응성과 인화성이 없다. 전기 절연체, 베어링, 개스킷 등의 공업 용구, 부식성이나 반응성이 강한 화학 물질의 저장 용기, 그리고 얇은 필름 형태의 테이프로 관의 틈새나 유리 시약병과 뚜껑 사이의 틈을 메우는 데 쓰이기도 한다.

일상생활에서 PTFE는 주로 부엌에서 만나게 된다. 테프론이라는이름이 매우 낯익지 않은가? 각종 조리 도구를 만드는 유럽의 한 회사는 달걀 프라이 한 개만 해도 눌어붙는 일반 프라이팬의 단점을 300℃이상의 온도에서는 말랑말랑해져서 코팅하기 쉽고 700℃ 이상의 온도에서나 분해되는 테프론으로 코팅한 코팅 프라이팬으로 보완해 부엌에 엄청난 변혁을 일으켰다.

최근에는 대부분의 프라이팬이 코팅 팬일 정도로 사용하기가 아주 편리하다. 이런 인기에 힘입어 좋은 코팅 프라이팬은 몸값이 매우 비싸고 광고에서는 과장을 조금 보태서 대를 물려 써도 될 정도로 코팅이 우수하다고 말한다. 하지만 조리 방법에 따라 코팅 팬의 사용 기간은 달라진다. 유럽 사람이 조리하는 방법과 우리가 조리하는 방법은 다르다. 기름을 사용해 채소나 고기 등의 재료를 조리하는 것은 같지만, 우리나라의 경우 조리하는 과정에서 간장이나 다진 마늘, 고춧가루 등의 양념을 사용한다.

혹시 유럽이나 미국에서 사용하는 수세미와 우리나라에서 사용하는 수세미의 차이를 생각해본 적이 있을까? 찰기가 있는 쌀을 주식으로 하는 경우 밥그릇에 눌어붙은 밥알을 떼기 쉽게 하기 위해 수세미 대부분에는 금속 실이 포함되어 있다. 미국이나 유럽의 수세미는 주로 평평한 접시를 닦는 용도이므로 폭신한 스펀지 소재이다.

우리가 일상적으로 사용하는 수세미로 양념이 묻은 코팅 프라이팬을 닦는 경우, 아무리 안정한 PTFE 코팅이라도 금속 실이 물리적으로 비벼지는 상황에서는 흠집이 나면서 벗겨질 수밖에 없다. 코팅이 벗겨져 금속이 노출된 프라이팬을 계속 사용한다면 기름과 친한 금속 성분이 음식에 계속적으로 녹아 나오게 된다. 개인적으로는 큰맘 먹고 비싼 코팅 프라이팬을 사는 것보다 적당한 가격의 코팅 프라이팬을 자주 교체하는 방법을 선호한다. 소중한 가족에게 금속을 먹이고 싶지는 않으니까(주로 집밥을 먹는 경우 코팅이 벗겨지는 데 6개월 정도 소요된다.)

종이컵은 종이로만 만들어졌을까? 종이컵이 종이로만 만들어졌다면 믹스 커피를 마신 뒤 음료수를 따라 마실 수 없을 것이다. 종이는 액체에 젖어서 찢어지는 물질이기 때문이다. 일상적으로 사용되는 종이컵은 모두 폴리에틸렌으로 코팅되어 있다.

모든 고분자는 매우 안정하고 독성이 거의 없지만, 우리가 신경 써야 할 부분은 완전히 반응하지 않고 남아 있을지도 모르는 원료 분자와 가소제 등의 화학 물질이다. 대부분의 화학 물질은 뜨거운 용액에 더 많이 녹아 나올 수 있기 때문에 개인적으로 아이들의 운동회나 야유회처럼 시원한 음료수를 주로 마시는 용도로는 가격이 싼 종이컵을, 뜨거운 커피를 담는 용도로는 가급적 탄탄하고 비싼 종이컵을 구분해 구매하는 것이 좋겠다. 화학 물질 없이 사는 것이 불가능하다면 공포증을 가지고 무조건 거부하기보다는 합리적으로 사용하는 것이 훨씬 편안하니까.

계면활성제란 무엇일까?

비누에서 쏠개즙, 커피믹스까지

물과 기름이 섞이지 않는 이유

물과 기름은 섞이지 않는다. 모두가 다 아는 사실이지만 '왜?'라고 물으면 바로 대답하기 쉽지 않다. 화학적으로 답한다면 극성 분자와 비극성('무극성'이라고도 한다.) 분자는 섞이지 않기 때문이다.

기름은 주로 탄소와 수소로 구성된 분자가 기본인 물질로 탄소와 수소는 서로 전자를 끌어당기는 힘이 비슷한 원소다. 따라서 기름 분자는 분자 전체에 전자가 고르게 퍼져 있어서 양전하를 띠는 부분(+극)과 음전하를 띠는 부분(-극)이 나뉘지 않는 비극성 분자이다.

물을 구성하는 산소와 수소 원자는 전자를 당기는 힘의 크기가 다른 원자이기 때문에 전자를 더 세게 낑기는 산소 쪽이 (-)극이 되고 전자를 당기는 힘이 약한 수소 쪽이 (+)극이 되어 분자 하나에 두 개의 극이 존재하는 극성 분자(dipole, '쌍극자'라고도 한다.)가 된다.

63

물은 극성 분자, 기름은 비극성 분자이므로 서로를 잡아당기는 전기적인 힘이 크게 차이가 나서 두 물질을 섞어도 물은 물끼리 기름은 기름끼리 붙어서 서로 섞이지 않게 된다. 이런 현상을 화학에서는 "Like dissolves like(비슷한 것끼리 녹인다.)"라고 하며, 극성 분자는 극성 분자끼리 비극성 분자는 비극성 분자끼리만 서로 섞인다.

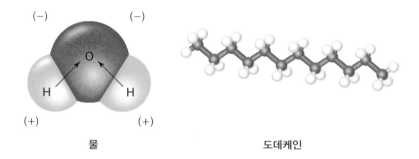

물   도데케인

이렇게 섞이지 않는 두 물질의 경계를 활성화시켜서(허물어뜨려서) 섞이게 하는 물질을 '계면활성제'라고 부른다. 다른 이름으로는 '유화제'라고도 하며, 그중 대표적인 예가 비누다. 우리가 비누를 사용하는 이유는 물로만 제거되지 않는 기름 성분의 오염물질을 제거하기 위해서다. 이 과정에서 물과 기름 성분 때 사이의 경계를 허물어주는 역할을 하는 계면활성제가 비누이다.

우리 집에 화학자가 산다

역사적으로 비누에 대해 처음 기록한 사람은 고대 로마의 플리니우스(Plinius)로 페니키아 사람들이 염소 기름과 재를 이용해 비누를 만들어 사용했다는 것을 글로 남겼다. 동물성 혹은 식물성 기름과 수산화나트륨($NaOH$) 또는 수산화칼륨(KOH)을 섞어서 가열하면 비누가 만들어지는데, 이를 '비누화 반응'이라고 한다. 예전에는 수산화나트륨이나 수산화칼륨을 재를 녹인 양잿물에서 얻었다. 두 물질 모두 강한 염기성이어서 단백질을 녹이는 성질을 갖고 있으므로, 만약 섭취하게 된다면 생명의 위협이 될 수 있다.

비누를 만들 때는 강한 염기인 수산화나트륨과 수산화칼륨의 함량을 정확하게 지켜야 안전하게 사용할 수 있다. 값싼 세탁비누는 세척력을 우선으로 하고 사람의 피부에 장시간 닿지 않을 것을 예상해 강염기의 함량이 화장비누보다 높다. 단백질을 녹이는 염기의 성질이 좀 더 강하게 나타나므로 헹군 후에도 미끈거리는 느낌이 든다. 세안할 때 사용하는 화장비누의 경우 제조 과정에서 산성 물질을 첨가하거나 염기를 좀 더 약한 종류로 사용하여 피부에 대한 자극을 줄이는 방법으로 만든다.

비누는 물에 들어가서 기름때와 만나면 동그란 모양의 마이셀(micelle, 미셀)을 형성한다. 기름때를 비누의 막대기처럼 생긴 친유성기(탄소와 수소로 이루어진 비극성 무문)가 둘러싸면 (-)전하를 띤 친수성의 동그란 머리 부분이 물과 잘 섞여서 안정한 상태가 된다. 세탁기의 '세탁' 다음 단계가 '헹굼'인 것도 이렇게 생성된 기름때 마이셀을 다량의 물로

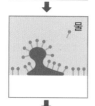

} 친수성기
} 친유성기

배출시키기 위해서이다.

오염물질이 없는 깨끗한 물에 무색의 액체세제를 넣었더니 뿌연 비눗물이 되는 걸 본 적이 있을 것이다. 비누의 막대기 친유성 부분은 물과 섞이지 않으므로 그들끼리 동그랗게 모여서 마이셀을 형성하게 된다. 일단 형성되면 사람의 눈은 정확한 구조까지는 볼 수 없지만, 마이셀은 크기가 커서 존재한다는 것까지는 볼 수 있기 때문에 물이 뿌옇게 보이게 된다.

계면활성제로서 비누의 또 다른 특징은 비눗방울 놀이에서 찾을 수 있다. 물은 극성 분자로 분자끼리 서로의 (+)극과 (-)극을 잡아당기는 힘이 커서 물을 떨어뜨리면 동그랗게 모여 물방울을 이루는 모습을 볼 수 있다. 하지만 비눗물에서는 상황이 달라진다. 비누는 물 분자 사이에 들어가서 표면 장력을 줄이는 역할을 하게 되므로, 그냥 물과는 다르게, 비눗물은 '후~' 하고 불면 분자 간의 거리가 쭉쭉 늘어나서 커다란 비눗방울이 생기게 된다.

인지질은 말 그대로 원소 인(P)이 들어간 지질(지방)이다. 인지질은 음전하를 띠는 인산기를 가진 극성(물과 친한 친수성) 머리 부분과 탄소와 수소 사슬로 구성된 두 개의 비극성(기름과 친한 친유성) 꼬리 부분을 가진 분자이다. 구조는 비누와 거의 유사하다.

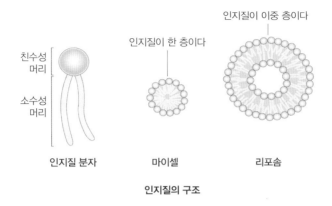

친수성
머리

소수성
머리

인지질이 한 층이다

인지질이 이중 층이다

인지질 분자   마이셀   리포솜

인지질의 구조

생명체를 이루고 있는 물질 중 가장 많은 비율을 차지하는 물질은 물이다. 세포막을 구성하는 성분인 인지질은 한 겹만 존재해서는 비극성 꼬리 부분이 물과 섞이기 힘들어서 세포막의 기능을 하는 데 문제가 생길 수 있다. 따라서 인지질은 기름 성분인 지질이 서로 마주 보는 이중 층의 막 구조를 띠고 생명체 내에서 안정하게 세포를 둘러싸는 역할을 한다.

세제를 넣고 빨래를 삶아도 될까?

비누는 천연 기름과 양잿물로 만들어진 효과적인 기름때 제거용 계면활성제로 새료가 천연물이기 때문에 자연에서 분해기 잘 되는 물질이다. 비누가 지닌 문제점은 비누의 음전하를 띠는 극성 머리 부분이 센물의 칼슘 이온이나 마그네슘 이온과 만나면 침전을 형성하여 세척력이 급격하게 떨어진다는 것이다.

목욕할 때 사용하는 비누도 센물에서는 침전을 형성해 몸을 깨끗하게 씻지 못하게 된다. 이렇게 만들어진 침전이 피부의 모공을 막거나 피부에 남아서 자극을 주면 아토피 환자나 피부가 예민한 사람의 경우 가렵거나 불편함을 느끼게 된다. 이런 비누의 한계를 극복하기 위해 극성 머리 부분을 구성하는 원자를 다르게 설계해 만든 물질이 '합성세제'다.

합성세제란 말 그대로 사람들의 필요에 합성(즉, 실험실에서 만들어진)된 물질을 말한다. 비누와 거의 비슷한 분자 구조를 갖고 비누의 작용을 똑같이 수행하지만, 센물에서 침전을 만들지 않는 특징이 있다.

초기에 만들어진 알킬벤젠술폰산나트륨(Alkylbenzene Sulfonate, ABS) 세제의 경우 긴 사슬에 가지가 많이 붙은 구조라서 자연에서 분해되지 않았다. 강이나 바다 위에 꺼지지 않는 거품을 만들어 수중 생물이 질식하게 되는 문제가 발생했다. 최근 사용되는 대부분의 합성세제는 이러한 문제점을 보완한 선형알킬벤젠술폰산나트륨(Linear Alkylbenzene Sulfonate, LAS) 세제로 비누의 장점에 센물에서도 세척력이 좋으며 자연계에서 생분해가 잘 된다는 특징을 갖고 있다.

이러한 세제 모두 과연 뜨거운 물에서 가열할 때 어떤 작용을 하는지에 대한 연구 및 실험이 완벽하게 진행되었을까? 내 어머니는 늘 주방에서 행주를 삶고, 일주일에 한 번은 가족이 사용하는 수건을 가루세제를 푼 물에 삶았다. 집에 들어설 때 집 안에 퍼져 있던 빨래 삶는 냄새를 지금도 기억하는 사람이 많을 것이다. 과연 이렇게 세제를 넣고 빨래를 삶는 것은 권장할 만한 일일까?

대부분의 세제는 세탁기에서 일상적으로 사용하는 찬물에서 최고 60℃ 정도의 물로 세척을 하는 것을 기준으로 세척력과 잔류량 및 여러 부분에 대한 실험과 테스트를 거쳐서 생산된다. 세제에는 이렇게 안전한 계면활성제 외에도 세척 강화제와 누렇게 된 흰옷을 하얗게 만드는 형광 발광제, 여러 성분이 분리되는 것을 막기 위한 알코올류 및 표백제와 착색제, 좋은 향기를 내는 방향 물질 등의 여러 화학 물질이 포함되어 있다.

이렇게 다양한 화학 물질로 구성된 세제를 행주 또는 수건과 함께 100℃ 이상의 고온에 삶아서 사용하는 방법이 대부분의 나라에서 보편화된 방법일까? 세탁 세제 광고에서 '삶아도 안심할 수 있는 세제'라는 문구를 본 기억은 없다. '삶아 빤 듯 깨끗하게'라는 광고 문구가 많이 보이는 걸 보면 세제를 고온에서 사용하는 것을 주된 사용 방법으로 고려하지 않은 듯하다. 사실 세제를 삶았을 때의 화학 물질이 퍼지는 정도와 인체에 대한 유해성을 실험하기란 쉬운 일도 아니고, 각 개인에 대한 유해성의 정도도 너무 다양하여 객관화하기도 어렵다.

가습기 살균제에 함유된 화학 물질에서도 볼 수 있듯이, 치약이나 목욕비누 등에 사용하고 물로 헹굴 경우 아무런 문제없이 잘 사용될 수 있는 물질도 원자 사이의 결합에 영향을 줄 수 있는 초음파 가습기에 사용할 경우 임청난 문제를 야기했다(13강 참고). 이처럼 그냥 세탁기에 사용하면 아무 문제없을 세제도 펄펄 끓는 물에서 공기 중으로 날아가서 우리의 폐로 들어올 경우 그 속의 화학 물질이 작은 문제라도 일으킬 가능성은 전혀 없는 것이 아니다.

담배를 피우는 사람이나 자동차 배기가스 옆에 일부러 가는 사람은 없을 것이다. 화학 물질로 구성된 세제도 일부러 끓여서 그 기체를 마실 필요는 없지 않을까? 행주나 수건을 삶는 일은 가능하면 줄이고, 꼭 해야 하는 경우가 생기면 아이들이 없는 시간에 집 안의 창문을 모두 열고 짧은 시간 동안 삶자. 삶은 뒤에는 두어 시간 정도 꼭 환기를 하자. 귀찮은 일이지만 화학 물질이 원치 않는 반응을 일으킬 수 있는 100℃ 이상의 온도에서 기체로 날아가는 상황에 노출될 필요는 없으니까.

쓸개즙의 주성분도 계면활성제다

아무에게나 지조 없이 아부한다는 뜻을 가진 "간에 붙었다 쓸개에 붙었다 한다."는 속담에서도 등장하듯이 간과 쓸개는 대부분 같이 이야기되는 경우가 많다. 쓸개에서 분비되는 소화보조액인 쓸개즙은 간에서 만들어져서 쓸개에 농축·저장되었다가 십이지장으로 분비된다. 지방의 소화를 돕는 물질로 생명체 내에서 만들어지는 계면활성제이다. 소화액이 아니고 소화보조액이라고 칭한 이유는 지방을 실제로 분해한다기보다는 지방을 물과 섞이게 해주는 역할을 하기 때문이다.

쓸개즙처럼 생물체에서 만들어진 화학 물질 중에서 그 안전성이 확인되어 식품 첨가제로 사용되는 계면활성제로는 '레시틴(lecithin)'이라는 물질이 있다. 레시틴은 달걀 노른자나 콩기름에 많이 들어 있고, 인체에서는 간이나 뇌에서 다량 발견되는 물질이다. 달걀 노른자와 식용유, 식초를 넣고 마요네즈를 만들 때 서로 잘 섞이지 않는 식용유와 식초를 섞일 수 있도록 하는 것이 노른자의 레시틴 성분이다.

이와 비슷한 예로 카세인산나트륨(sodium caseinate, 카세인나트륨)이 있다. 원래 카세인은 우유 단백질의 많은 부분을 차지하는 단백질 분자이지만 물에 잘 녹지 않는 성분이다. 우유를 고온에서 수산화나트륨과 결합시켜 물에 잘 녹을 수 있는 카세인나트륨으로 만들면 물에 잘 안 녹는 부분(긴 카세인 사슬)과 물에 잘 녹는 부분(나트륨과 결합한 극성 머리)으로 구성되어서 비누와 같이 기름과 물 사이의 경계를 허무는 계면활성제 작용을 한다. 안전한 물질이므로 식품 첨가제로 널리 사용되고 있다. 이런 레시틴과 카세인나트륨은 여러 식품에 유화제로 많이 사용되지만 그중 우리에게 가장 많이 알려지고 관심을 받는 것은 커피믹스다.

커피믹스를 탈 때 주의할 점

일반적인 커피믹스는 동결건조한 커피 추출액 또는 곱게 간 원두, 설탕, '프리마'라는 이름으로 더 잘 알려진 식물성 크림으로 구성된다. 이 중 커피(추출액) 가루와 설탕은 뜨거운 물에 잘 녹지만, 야자유(코코넛 오일)를 고형화해서 만든 식물성 크림은 물에 잘 녹지 않는다. 뜨거운 물에 녹였다고 하더라도 커피가 식거나 양이 많아지면 기름이 물

위로 둥둥 뜰 것이다.

대부분의 사람은 기름이 둥둥 떠 있는 커피를 마실 생각이 없을 것이다. 따라서 커피믹스 성분에는 반드시 유화제라는 이름의 계면활성제가 들어가야만 한다. 식품에 첨가할 수 있도록 허용된 계면활성제는 앞에 소개한 레시틴과 카세인나트륨 같은 물질이다. 큰 틀에서 보면 물과 친한 극성 머리와 기름과 친한 비극성 꼬리를 가진 비누와 유사한 형태의 화학 물질이다.

여름이면 경쾌한 음악과 함께 광고에 나오는 아이스 커피믹스는 찬물에도 잘 녹는 장점을 가진 커피믹스다. 아이스 커피믹스를 찬물에 잘 녹이기 위해서는 커피(추출액)를 일반 커피믹스보다 좀 더 고운 가루로 만들고, 설탕도 좀 더 고운 가루로 만들거나 입자 중간 중간 공기층이 있도록 가공해 물과 접촉하는 면적을 크게 만든다.

하지만 식물성 크림은 말 그대로 기름을 가공하여 고체로 만든 것이라 찬물에 잘 녹지 않는다. 또한 얼음이 있는 상황에도 기름이 엉겨붙지 않아야 하기 때문에 일반 커피믹스에 들어가는 것과는 조금 다른(좀 더 효과가 분명한) 유화제가 필요하다. 그래서 동일한 브랜드라 하더라도 일반 커피믹스와는 약간 다른 맛을 낸다.

커피믹스 이야기가 나온 김에 한 가지만 더 짚어두자. 흔히 커피믹스를 탈 때 봉지를 찢어서 내용물을 종이컵에 넣고, 뜨거운 물을 부어 잘 섞이도록 젓는다. 이때 주로 무엇으로 저을까? 대부분 티스푼이나 스틱으로 젓지만, 실외에서 마시는 경우 믹스 봉지를 접어서 티스푼 대신 사용하는 경우가 많다.

우리 집에 화학자가 산다

커피를 타는 간단한 행위에도 많은 화학 물질이 등장한다. 종이컵은 종이로만 만든 것이 아니고 종이에 폴리에틸렌을 코팅해 만든 컵이다. 물론 폴리에틸렌 고분자는 안정한 분자이므로 종이컵뿐만 아니라 식품 포장재로도 사용한다.

대부분의 커피믹스 봉지는 폴리에틸렌으로 만들어진다. 폴리에틸렌 자체만으로는 습기와 산소를 차단할 수 없기 때문에 폴리에틸렌 층에 알루미늄 등의 금속 성분으로 코팅을 하고, 그 위에 선명한 여러 가지 색을 사용하여 상품명을 인쇄한 후 다시 한번 폴리에틸렌으로 덮어서 마감한다. 이런 과정을 통해 만들어진 봉지에 커피 가루와 설탕, 식물성 크림을 넣고 양쪽 끝부분을 열처리한 후 밀봉함으로써 외부와의 접촉을 차단하고 변질을 막는다.

문제는 뜯어서 내용물을 컵에 쏟은 커피믹스 봉지의 찢어진 단면은 봉지의 중간 부분이 잘려진 것이므로 알루미늄 등의 금속 성분이 코팅된 면과 여러 염료로 인쇄 된 면이 노출되어 있다는 것이다. 이 부분이 그대로 뜨거운 물에 들어가서 커피를 젓는 용도로 사용될 경우, 염료에 사용된 미량의 납이나 알루미늄 같은 금속 성분과 염료를 구성하는 화학 물질이 녹아 나올 수 있다.

아침에 졸음을 쫓기 위해 또는 오후의 피곤함을 떨치기 위해 가볍게 마시는 믹스 커피 한 잔을 탈 때에도 한 가지만 기억하자. 조금 귀찮더라도 커피믹스를 컵에 넣고 뜨거운 물을 붓고 난 뒤, 한 번만 손목의 스냅을 이용해 봉지 방향을 바꿔 찢지 않은 끝부분으로 저어 마시자.

간단한 습관을 바꾸는 것만으로도 우리 몸에 들어오는 불필요한 화학 물질의 양을 줄일 수 있다. 화학 물질은 반드시 필요한 것이지만, 불필요한 것까지 내 몸에 차곡차곡 쌓을 필요는 없으니까 말이다.

온실효과와 지구온난화

화학 물질의 이중성

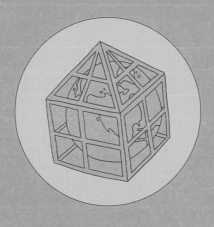

온실효과와 지구온난화는 같은 뜻일까?

온실효과는 좋은 걸까, 나쁜 걸까? 이런 질문을 던지면 대부분 나쁜 것이라고 대답한다. 그 대답을 듣고 다시 지구온난화는 좋은 걸까, 나쁜 걸까? 라고 질문을 하면 당신은 어떤 대답을 할까? 혹시 나쁜 것이라는 확신에 찬 대답을 한다면, 반은 맞고 반은 틀리다.

흔히 동일한 것으로 오해하는 '온실효과(Greenhouse effect)'와 '지구온난화(Global warming)'는 같은 과학적 원인에서 시작되었으나 그 결과가 매우 '다른' 현상이다(최근에 지구온난화는 '기후변화'라는 용어로 바뀌었으나, 이 책에서는 병행해서 표기할 것이다.). 온실효과가 인류에게 좋은 편이라면 지구온난화(기후변화)는 나쁜 편이다. 겉은 과학적 현상이나 동일한 화학 물질이더라도 정반대의 결과가 나타날 수 있다. 왜 이런 이중성이 나타나는 걸까.

뜨거운 태양을 바라보지 마라

 지구에 살고 있는 모든 생명체는 태양 에너지가 필요하다. 우리 인간도 마찬가지다. 태양은 수소 원자 네 개의 원자핵이 서로 뭉쳐 원자량이 큰 다른 종류의 원자로 바뀌는 열 핵융합 반응을 통해 헬륨 원자로 바뀌면서 질량의 0.7% 정도가 사라지며 에너지를 발생하는 항성(스스로 빛을 내는 별)이다. 이때 없어지는 질량과 발생하는 에너지의 관계를 나타낸 식이 그 유명한 '엠씨스퀘어'이다.

$$\Delta E(\text{에너지 변화량}) = \Delta m(\text{질량 변화량}) \times c^2 (\text{광속 : 빛의 속도 } 3 \times 10^8 \text{m/s})$$

 이 식에서 주목해야 할 부분은 질량 변화량 자체보다 질량의 변화량에 1초에 3억 미터나 움직이는 빛의 속도를 제곱한 것을 곱해야 에너지 발생량이 구해진다는 것이다. 약간의 질량 변화에도 엄청난 에너지가 발생한다(이 사실 때문에 많은 나라가 방사능 누출 사고에 대한 위험성에도 불구하고 원자력 발전소를 늘리고 있다.).
 태양의 열 핵융합 반응 결과, 태양 표면의 온도는 절대 온도 약 5,800K, 약 5,527℃이다(K는 켈빈 온도 또는 절대 온도라고 하며 0K = -273.15℃이다.). 아주 뜨거운 난로나 달궈진 쇠에서 빨간 빛이 나오는 것처럼 태양에서도 표면 온도에 맞는 빛(복사선)이 나온다. 태양에서 나오는 복사선은 파장이 짧고 에너지가 큰 감마선부터 엑스선, 자외선, 가시광선, 적외선, 전자레인지에 주로 이용되는 마이크로파, 그리고 파장이 길고 에너지가 작은 라디오파까지 매우 다양하다.

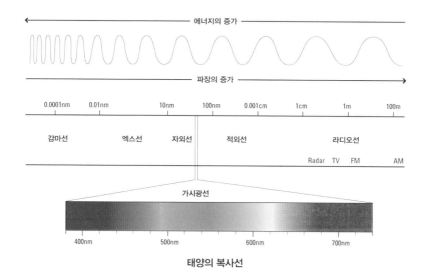

태양의 복사선

　태양 자체의 온도가 매우 높기 때문에 방출되는 복사선 역시 에너지가 강한 종류가 많다. 태양은 맨눈으로 볼 경우 눈의 시세포를 망가트릴 수 있어서 절대 맨눈으로 보면 안 된다. 다양한 복사선 중 태양과 지구 사이의 거리를 고려하면, 지구 표면까지 당도하는 파동은 주로 자외선과 가시광선, 적외선 등이다.

　자외선은 가시광선의 보라색 선 바깥에 위치한 에너지가 큰 파동이다. 피부 세포의 핵 안에 유전 정보를 담당하는 DNA 사슬의 화학 결합(수소 결합)을 끊어서 암과 같은 돌연변이 세포를 만들거나 피부 세포의 노화를 촉진할 수 있다. 가시광선은 프리즘을 통과하면 무지개색으로 나누어지는 빛이다. 적외선은 가시광선의 빨간색 선 바깥에 위치한 에너지가 상대적으로 적은 파동이다.

지구에 도착하는 태양의 복사에너지 중에서 약 17%는 지표년에 직접 반사되고, 나머지 83%는 지구로 흡수되어 지표면과 해수면이 약간 따뜻해진다. 이렇게 미지근한 지구에서는 에너지가 적은 적외선 영역의 복사선이 방출되는데, 에너지가 적고 파장이 긴 이 복사선을 지구 대기가 효과적으로 잡아주어서 지표면과 해수면의 평균 온도가 14~15℃ 정도로 유지된다. 이런 현상을 '온실효과'라고 한다.

온실효과는 지구에 도달한 태양의 에너지가 지구를 따뜻하게 하고, 따뜻해진 지구에서 나가는 에너지는 대기에 효과적으로 잡혀서 순환되어 지구의 온도가 생명체가 존재하기에 알맞은 상태로 일정하게 유지되는 현상이다. 마치 겨울에 난방을 하지 않은 온실이 바깥에 비해 따뜻하고 일정한 온도를 유지하는 것처럼.

온실효과를 일으키는 화학적인 이유는 대기를 구성하는 기체 분자의 공유 결합 때문이다. 자연계에서 모든 원자에 있는 전자는 정해진 위치가 아닌 파동의 형태로 운동하고 있다. 계속 원자핵 주위를 움직이는 전자의 위치를 사진으로 찍는 것은 불가능하다.

가끔 뉴스에서 고층 빌딩 위에서 차들이 밤새 지나가는 모습을 찍은 영상에서 볼 수 있듯이 자동차 불빛이 어우러져 마치 구름처럼 퍼지는 모습을 상상하면 전자의 움직임을 이해하기 쉬울 것이다. 그래서 현대의 원자 모형을 한마디로 원자핵 주위에 전자들이 구름처럼 퍼져 있는 '전자구름' 모형이라고 한다.

화학적으로 공유 결합해 두 원자의 사이에 위치하는 전자 역시 열

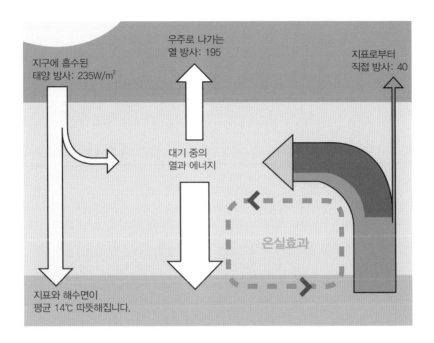

우주로 나가는
열 방사: 195

지구에 흡수된
태양 방사: 235W/m²

지표로부터
직접 방사: 40

대기 중의
열과 에너지

온실효과

지표와 해수면이
평균 14℃ 따뜻해집니다.

심히 운동하고 있지만, 다른 전자들과 큰 차이가 있다. 홀로 있는 원자의 전자들은 원자핵 주위의 공간을 자유롭게 오갈 수 있으나, 두 원자가 결합해 공동 소유한 결합 전자(공유 전자)는 주로 두 원자핵 사이의 공간에 더 많이 머무르면서 마치 두 개의 공 사이에 위치한 스프링이 왔다갔다 하는 것처럼 운동한다.

지구의 대기는 질소(N_2)와 산소(O_2), 아르곤(Ar)이 거의 99.9%를 이루고 나머지 0.1%에 이산화탄소(CO_2)를 비롯해 네온(Ne), 헬륨(He), 메테인(CH_4), 수소(H_2) 등의 분자가 존재한다. 지구 대기의 약 78%를 차지하는 질소 분자와 21%를 차지하는 산소 분자의 화학 구조는 다음과 같다.

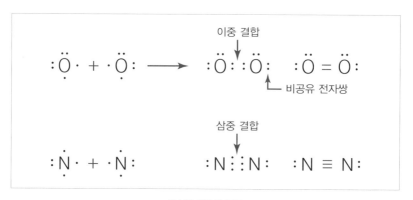

산소와 질소의 구조

산소나 질소 모두 동일한 원자끼리 전자를 공동 소유한 공유 결합을 한다. 산소는 이중 결합, 질소는 삼중 결합으로 결합의 세기도 세고 탄탄해 산소와 질소의 공유 전자가 하는 진동운동은 따뜻한(사실은 미지근한) 지구에서 나가는 적외선 파동과는 에너지적인 면에서 크게 관계가 없다.

그러나 공유 전자를 당기는 힘이 서로 다른 두 원자, 산소와 탄소가 결합한 이산화탄소의 경우 상황이 다르다. 탄소와 산소 사이에 위치한 전자들은 두 원자의 힘겨루기 상황에서 이리저리 움직인다. 가운데 탄소는 양쪽의 산소가 전자를 당기긴 하지만 만약 왼쪽의 산소가 옆에 위치한 다른 분자와 새로운 상호작용(전자끼리의 밀당(?)으로 생각하면 된다.)을 하느라 바쁜 상태라면, 전자를 좀 더 당길 수도 있다. 이런 이산화탄소 분자 안의 공유전자가 세 원자핵 사이에서 움직이는 진동운동을 할 때 파동이 공교롭게도 미지근한 지구에서 나가는 적외선 복사선의 파동과 거의 비슷하다.

$$\ddot{O} = C = \ddot{O}$$

이산화탄소의 구조

자외선은 분자를 구성하는 탄소와 산소 원자의 결합을 끊어버리고, 마이크로파는 분자의 회전을 활성화시킨다. 적외선 영역의 에너지는 탄소와 산소 사이의 공유 전자들의 진동을 활발하게 만들어 결과적으로 이산화탄소의 에너지를 크게 만들어서 대기의 온도를 따뜻하고 일정하게 유지하는 온실효과를 일으키게 된다.

미움 받는 이산화탄소

사실 이산화탄소는 온실효과를 일으켜서 지구에 생명체가 살기 좋게 만드는 일등 공신인 온실기체이다. 이산화탄소는 산업혁명 전까지 아주 오랜 세월 동안 지구의 공기 중 약 0.03%(약 280ppm)를 차지하던 미미한 양의 좋은 기체였다. 그러나 산업혁명 이후 급격한 산업화로 인해서 어마어마한 양의 석탄과 석유 등의 화석 연료가 연소되었다. 화석 연료는 탄소와 수소로 구성된 연료로 완전 연소되면 이산화탄소와 수증기가 발생한나. 또한 아마존 유역의 밀림과 다른 큰 숲이 사람들의 벌목과 개간으로 사라져가면서 이산화탄소는 2014년에는 397.7ppm으로 약 43%가 증가해 이제는 지구온난화(기후변화) 원인의 60%를 차지하는 주범이 되었다.

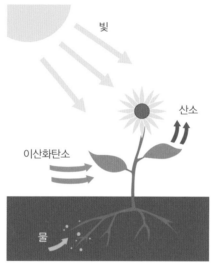

광합성 과정

하지만 시선을 바꿔보자. 광합성이란 식물이 태양의 빛 에너지를 이용해 대기 중 이산화탄소와 토양의 물을 흡수해서 포도당과 산소를 만드는 과정이다. 산소를 공급하는 과정 때문에 광합성이 활발하게 일어나는 아마존 밀림을 지구의 허파라고 부른다. 또한 광합성을 통해서 만들어지는 포도당은 모든 생물, 그중에서도 인간이 이용하는 탄수화물의 기본 구성 물질이다. 만약 대기 중에 이산화탄소가 없다면 광합성은 일어나지 않을 것이다. 인류와 같은 종속영양생물이 살아가기 위해 꼭 필요한 영양분도 얻을 수 없게 된다(종속영양생물은 식물 같은 독립영양생물이 만든 양분을 먹어야만 생존이 가능하며, 거의 모든 동물이 이에 해당한다.).

$$6CO_2 + 6H_2O + 에너지 \underset{호흡}{\overset{광합성}{\rightleftharpoons}} \underset{(포도당)}{C_6H_{12}O_6} + 6O_2$$

광합성과 호흡의 반응식

반응식의 오른쪽에서 왼쪽으로 진행하는 화살표로 나타나는 '호흡' 과정은 호흡운동을 통해 몸속으로 들어온 산소가 소화 과정을 통해 각각의 세포로 전해진 포도당과 세포 안의 미토콘드리아라는 작은 기관에서 만나 포도당을 쪼개서 다시 이산화탄소와 물로 바꾸는 과정을 통해 생물이 에너지를 얻는 화학적인 물질대사 과정을 의미한다. 광합성을 통해 포도당으로 저장된 태양의 에너지가 호흡을 통해서 내 몸에서 사용되는 에너지로 바뀌는 과정이 저렇게 물질 사이의 화학 반응으로 일어나는 것이다.

모든 생물은 호흡을 하지 않고서는 살아갈 수 없다. 광합성을 하는 식물도 언제나 호흡을 하고 있지만 낮에는 광합성을 하느라 흡수하는 이산화탄소의 양이 호흡하느라 내뱉는 양보다 많다. 밤에는 반대의 현상이 벌어져서 식물도 내뱉는 이산화탄소의 양이 훨씬 많다. 그렇다면 낮이고 밤이고 광합성을 못하는 대부분의 동물은 이산화탄소를 내뱉기만 하는 호흡만을 열심히 하고 있다는 이야기이다.

우리가 살기 위해 꼭 해야 하는 호흡에 필요한 산소는 반드시 이산화탄소를 식물이 흡수해야만 다시 공기 중으로 채워질 수 있다. 그렇기 때문에 이산화탄소는 광합성에 꼭 필요한 아주 중요한 원료이다. 물론 대기 중의 산소는 21%로 매우 많지만 그래도 광합성 없이 계속해서 소비된다면 …… 언젠가는 바닥이 보이게 될 것이다.

지구온난화는 어떤 현상을 가져올까?

지구온난화 현상은 최근 기후변화로 그 명칭이 바뀌었다. 지구온난화라는 단어는 지구 전체의 온도가 올라간다는 의미를 갖고 있다. 실제로 지구의 평균 온도가 올라간 건 맞지만, 각 지역을 놓고 보면 지구 평균 기온의 상승으로 인한 대기와 해수 순환의 변동으로 인하여 온도가 낮아진 곳도 여러 군데가 나타났다. 지구온난화라는 단어보다는 기후변화라고 쓰는 것이 더 정확하지만 아직은 두 용어를 혼용하는 단계이다.

글의 처음에서 온실효과는 좋고 지구온난화(기후변화)는 나쁘다고 이야기했었다. 물론 두 현상 모두 대기 중에 존재하는 온실기체(이산화탄소를 비롯해 메테인, 프레온가스, 일산화이질소)가 원인이 되어 지구의 온도

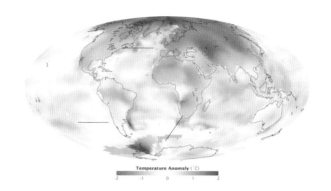

Temperature Anomaly (°C)

1951년부터 1980년까지 세계 평균 기온을 기준으로 한 2000년부터 2009년까지의 10년 동안의 세계 기온 변화 지도. 북극과 남극에서 매우 큰 기온 변화가 관찰된다.

를 따뜻하게 만들어 일어난 것이다. 하지만 그 결과가 지구의 평균 온도를 생명체가 살기 적합한 온도로 일정하게 유지시키느냐(온실효과), 아니면 너무 심하게 온도를 상승시켜서 대기와 해수의 흐름을 바꾸고 지표면 곳곳에 이상 기후를 일으키느냐(지구온난화)로 나뉘게 된다.

지구온난화(기후변화) 때문에 일어나는 이상 현상은 무엇이 있을까? 첫 번째로는 해수면 상승이 있다. 해수면이 상승하면 당장 섬으로 구성된 나라의 영토가 많이 잠기게 되어 몇몇 섬나라의 경우 지구온난화가 50년 이상 지속될 경우 국가의 존속을 걱정해야 할 상황이다. 해수면 상승의 이유를 물으면 대부분 빙하가 녹아서라고 대답하는데, 이는 정확한 대답이 아니다.

물은 수소 결합이라는 특이한 형태의 분자 사이 결합을 하고 있어서 얼음이 되면 부피가 커져서 상대적으로 가벼워지므로(즉, 밀도가 작

5. 온실효과와 지구온난화

아져서) 물 위에 얼음이 뜨게 된다. 얼음이 둥둥 떠 있는 얼음물이 당연하게 보이지만 사실 대부분의 물질은 기체에서 액체, 액체에서 고체로 상태가 변할수록 부피가 작아지고 밀도가 커져서 바닥으로 가라앉는다. 물은 매우 특이한 성질을 나타내는 이상한 화학 물질이다.

바닷물에 떠 있는 빙하

바닷물에 떠 있는 빙하의 물 위로 나와 있는 부분은 물에서 얼음이 되면서 증가한 부피만큼이다. 이 빙하가 모두 녹아서 물이 된다면 전체 빙하 중에서 물위로 솟은 얼음 부분을 제외한, 물에 잠긴 얼음 부피만큼만 물로 변하게 되어 실제 해수면에는 큰 변화를 주지 않는다. 물론 남극 대륙이나 북유럽의 영구 동토층이나 대륙 빙하들이 녹는 건 문제가 다르다. 대륙 위에 있던 얼음이 녹아서 바다로 들어가면 당연히 해수면 상승에 영향을 주겠지만, 현재까지 이렇게 녹아들어간 빙하의 양은 그리 많지 않다.

해수면 상승의 가장 큰 요인은 '해수의 열팽창'으로, 온도가 올라가면서 바닷물의 부피가 커졌다는 것을 의미한다. 액체와 기체같이 흐를 수 있는 움직임이 용이한 상태의 물질은 온도가 올라가면 분자 간의 운동이 활발해져서 부피가 늘어난다. 온도계를 생각해보자. 온도계는 가운데에 있는 가느다란 관에 빨간색 잉크를 탄 알코올이 들어 있다. 온도가 올라갈 때 운동이 활발해진 알코올의 부피가 증가하는 양을 눈금으로 측정해 온도의 증가를 확인한다.

지구의 기온은 20세기 평균 $13.88\,°C$에서 2016년 $14.83\,°C$로 상승하였다. $1\,°C$ 정도의 온도 변화가 무슨 의미가 있겠냐고 생각할 수도 있지만, 그 상대가 엄청난 양의 바닷물이라면 이야기가 달라진다. 현재의 지구온난화 상태가 앞으로 지속된다고 가정할 경우, 21세기 말에는 약 $0.18\sim0.59m$의 해수면 상승이 예측된다는 다양한 연구 결과가 발표되었다. 섬이나 저지대의 경우 심각한 침수가 예상된다.

$1\,°C$의 지구 기온 변화 때문에 해수면 상승뿐 아니라 아열대 지방의 사막화 현상 증가, 북극의 축소, 대기와 해수 순환의 변화로 인한 혹한과 폭염, 가뭄, 폭우 등의 여러 가지 기상 현상의 이변이 나타났다. 이로 인한 농작물 수확량의 감소로 기이 인구 증기 및 생태계의 이상 변화도 관찰되고 있다. 하지만 더 걱정되는 현상은 따로 있다.

현재 대기 중 온실기체로 가장 많은 양이 존재하는 이산화탄소는 물에 녹으면 탄산이 된다. 탄산은 음료에 들어 있을 정도로 산의 세기가 세지 않은 약산이다. 그러나 바닷물에 탄산이 많아질수록 해양 산성화가 심해져서 해양 생물의 약 70%가 몰려 살고 있는, 주성분이 탄산칼슘인, 산호초가 녹아버려 해양 생태계에 심각한 피해가 생길 수 있다.

$$H_2O(l) + CO_2(g) \rightarrow H_2CO_3(aq)$$

이산화탄소가 탄산이 되는 과정

이런 여러 가지 문제점 때문에 지구온난화를 효과적으로 막기 위해서 국제적으로 온실기체 배출에 대한 협약 등을 맺어서 이산화탄소 배출량을 줄이기 위해 애쓰고 있다.

오존층 보호와 오존 주의보

온실효과와 지구온난화와 비슷하게 우리가 헷갈리고 오해하기 쉬운 용어로 '오존 주의보(경보)'와 '오존층 보호'가 있다. 분명 똑같은 화학 물질인 오존(O_3)에 대한 이야기인데, 전자는 오존이 매우 나쁘니 주의보나 경보를 발령해서라도 조심하고 피해야 하고, 후자는 오존이 꼭 필요하니 오존층을 반드시 보호해야 한다는 것을 의미한다.

오존의 구조

오존은 산소 원자 세 개가 결합한 물질로 옥텟 규칙을 만족하기 위해서는 그림처럼 산소 원자 간에 이중 결합이 하나, 단일 결합이 하나, 이렇게 두 종류의 결합이 존재해야 한다. 전자를 당기는 힘이 모두 같은 산소 원자가 그런 상황(한쪽에는 결합 전자 네 개가 몰려 있고 다른 쪽에는 결합 전자 두 개만 있는)을 용납하지 못해 결국 양쪽에 마치 1.5중 결합이 두 개 있는 것과 같은 형태의 오른쪽 구조처럼 존재한다.

성층권에서 강한 자외선 때문에 산소 분자(O_2)가 산소 원자(O)로 깨지고, 옆에 있던 또 다른 산소 분자와 결합해 오존이 생성된다. 매우 불안정하기 때문에 자외선에 또다시 깨지면서 계속 생성과 소멸을 반복하게 된다. 이런 작용을 통해 매일 3억 톤의 오존이 생성과 분해되면서 성층권에 14~40km 영역에 약 2~8ppm의 농도로 퍼저 있는 '오존층'을 형성한다.

오존층은 지표면으로 들어오는 강한 자외선의 대부분을 흡수해 지구에 육성생물이 출현하게 만들었다. 오존층이 아니었다면 우리는 모두 인어로 진화했을지도 모른다. 성층권에 존재하는 오존층은 인류를 비롯한 모든 육상생물이 안전하게 살아가기 위해서 꼭 필요하다.

현대 사회에서는 냉장고나 에어컨에 사용하던 프레온가스 등으로 급격하게 파괴되어 오존홀이라는 오존 농도가 너무 약한 영역이 생길 정도로 문제가 심각해지고 있다. 최근에는 오존층의 보호를 위해 프레온가스의 사용을 제한하는 〈몬트리올 의정서〉(1989년 발효) 채택이라는 국제적인 협약 등의 노력을 통해 많이 회복되고 있다.

오존이 성층권이 아니라 대기권에 있을 경우 완전 반대의 상황이 벌어진다. 불안정한 오존이 호흡운동을 통해 체내로 들어오면 안정한 산소 분자와 홀로 떨어지는 산소 원자로 분해된다. 이때 산소 원자는 폐의 세포들과 결합해(산화) 세포가 제 기능을 못하게 만들기 때문에 폐렴이나 천식, 가슴의 통증과 기침이 심해지는 등의 심각한 호흡기 질환에 시달리게 된다.

또한 오존은 사실 아주 적은 양인 10ppb에서도 사람이 감지할 수 있는 특유의 냄새가 난다(1ppb는 10억 분의 1을 의미하는 아주 적은 양의 단위이다.). 복사기로 복사를 할 때 나는 냄새가 그것이다. 지구의 대기권 중 사람이 거주하는 공간인 대류권에 오존은 존재하지 않는 게 좋다. 하지만 자동차 배기가스에서 나오는 질소와 산소가 결합된 질소 산화물이 성층권에서 다 흡수되지 않고 지표면으로 전해지는 자외선을 만나서 분해되면, 산소 원자가 튀어나오게 된다. 이 산소 원자가 공기 중의 21%나 있는 산소 분자와 만나면 오존이 된다. 오존의 농도가 높아지면 발령되는 오존 주의보(0.12ppm/h)나 오존 경보(0.3ppm/h) 등을 통해 우리는 외출을 자제하고, 특히 노약자의 경우 주의를 기울여야 한다.

좋거나 나쁘거나: 화학 물질의 이중성

이산화탄소는 광합성의 원료로 식물이 살아가는 데 꼭 필요한 기체이자 온실효과를 일으켜서 지구의 온도를 따뜻하고 일정하게 유지시켜주는 고마운 기체이다. 그러나 많은 양이 존재할 경우 지구의 온도를 너무 높게 만들어서 여러 가지 피해를 일으키고 해양 생태계를 비롯한 지구 전체를 위험에 빠뜨리게 할 수도 있는 지구온난화(기후변화)의 주범이기도 하다.

실생활에서는 탄산음료나 아이스크림을 녹지 않게 포장하는 드라이아이스, 화재가 발생했을 때 물을 사용할 수 없는 박물관이나 미술관에 설치되는 스프링클러에 들어가기도 한다. 공기보다 무거워서 가라앉는 이산화탄소 기체를 불이 난 곳에 뿌리면 산소와 불의 접촉을 차단해 쉽게 불을 끌 수 있기 때문이다.

오존도 마찬가지로 성층권에 있어야만 모든 육상 생물이 살 수 있는, 반드시 보호해야 하는 기체다. 하지만 대류권에 인간과 같이 존재할 경우, 강력한 산화력 때문에 호흡기를 망가뜨리고 눈의 각막을 상하게 하는 원인이 된다. 하지만 그 강력한 산화력을 이용해 물속의 박테리아나 병원균을 죽이는 살균제로 사용하여 정수 처리에 이용하기도 하고 종이 펄프나 섬유의 표백에 사용하기도 한다.

모든 화학 물질은 이렇듯 이중성을 갖고 있다. 하지만 이 이중성이라는 기준도 인간의 관점에서 나누어 놓은 것은 아닐까? 나쁘고 위험다고 인식된 모든 화학 물질이 사실은 그 자체에 문제가 있다기보다는, 있지 말아야 할 곳에 있어서는 안 되는 양 만큼 존재해서 나쁘고 위험한 결과를 가져온 것은 아닐까? 화학 물질이 스스로 이리저리 옮겨 다니는 게 아니라면, 결국 인간이 자신의 편리를 위해서 너무 많은 양을 올바르지 않은 장소에 배출시켜놓고 화학 물질 탓만을 하는 건 아닌지 다시 한번 되돌아봐야 한다.

우리 집에 화학자가 산다

새집 증후군을 없애는 방법

무서운 메탄올과 그 산화물들

메탄올의 여러 모습

알코올램프, 새집 증후군, 곤충에 쏘였을 때의 통증은 전혀 연관이 없는 별개의 현상으로 보인다. 하지만 이 세 가지는 모두 메탄올 때문에 발생한다. 메탄올(메틸알코올이 더 정확한 화학명이다.)이 단계별로 산화되어 만들어지는 포름알데히드(메탄알), 포름산(개미산)은 알코올램프의 투명한 액체, 새집 증후군과 벌레에 물렸을 때 통증을 불러일으키는 주범이다.

'알코올'이란 화학적으로 탄소와 수소가 결합하여 생기는 탄화수소의 탄소에 -OH(하이드록시기)가 붙어서 만들어지는 탄소 화합물 전체를 부르는 용어를 말한다. 물론 탄소가 하나인 경우 Meth-라는 어근을 붙여서 메틸 알코올(메탄올), 두 개인 경우는 Eth-를 붙여서 에틸 알코올(에탄올), 세 개는 Prop-를 붙여서 프로필 알코올(프로판올)이라는

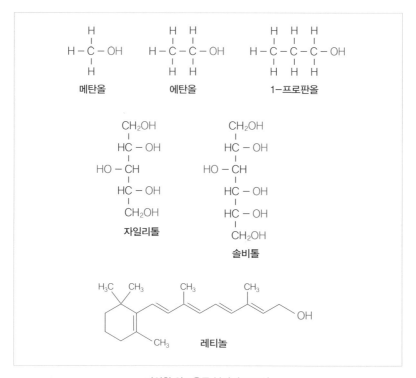

다양한 알코올류 분자의 구조식

이름을 붙인다.

－올(-ol)로 끝나는 거의 모든 물질, 예를 들면 충치 없애는 껌의 원료로 알려진 자일리톨, 졸리거나 기분 전환할 때 찾는 청량감 있는 사탕에 주로 들어가는 솔비톨, 그리고 주름 개선용 화장품에 많이 사용하는 레티놀 같은 물질 모두가 알코올류이다.

이런 알코올류는 자연 상태에서나 사람이 먹었을 때 몸 안에서 '산

우리 집에 화학자가 산다

화'라는 화학 반응을 통해 다른 화학 물질로 변화한다. 산화란 어떤 화학 물질이 산소 원자랑 결합하거나, 수소를 잃거나, 전자를 잃는 반응을 의미한다.

예를 들어 메탄올은 첫 번째 산화 과정을 통해 수소를 잃고 포름알데히드가 된다. 산소를 얻는 두 번째 산화 반응을 통해서는 포름산으로 변화한다. 따라서 새집 증후군을 일으키는 포름알데히드나 벌레 물린 곳을 따갑게 부풀어 오르게 하는 포름산 모두 메탄올에서 출발한 화학 물질인 것이다.

메탄올의 산화에 따른 화학 물질의 변화

가장 간단한 알코올, 메탄올: 알코올램프

메탄올(CH_3OH)은 한 개의 탄소 원자와 산소 원자, 그리고 네 개의 수소 원자로 이루어진 자연계에서 가장 간단한 알코올이다. 무색이지만 자극성 냄새가 나고, 휘발성이 있는 유독성 액체 물질이다. 하지만 메탄올은 신선한 과일과 채소, 발효 음료 및 다이어트 식품에서도 찾아볼 수 있다. 인간과 동물, 식물 등 거의 모든 생물체 내에 자연적으로 존재하기 때문이다. 혈액, 소변, 타액, 그리고 내쉬는 숨에서도 미량이지만 포함되어 있다.

또한 다양한 박테리아의 혐기성 대사 과정(산소가 부족한 상태)에서도 자연적으로 생성되므로 대기 중에는 미량의 메탄올 증기가 존재한다. 이런 대기 중의 메탄올은 여러 날에 걸쳐 햇빛의 도움을 받아 산소와 결합하여 이산화탄소와 물로 변해 사라진다.

우리가 가장 흔하게 접하는 메탄올은 초등학교 실험시간에 사용하는 알코올램프 속의 투명한 액체이다. 공업적으로는 포름알데히드, PET병, 안경렌즈 등을 만드는 플라스틱의 원료물질, 그 밖에도 매우 다양한 유기 화합물질의 원료로 사용된다. 기름 성분을 잘 녹이는 성질 때문에 잉크, 염료 등의 용매, 페인트 및 니스 제거제의 성분, 금속이나 반도체의 표면을 세척하기 위한 세정제, 최근에는 연료 전지의 원료로도 사용되고 있다. 매우 쓰임새가 많지만 가격이 싼 중요한 화학 물질이다(재료가 탄소 하나, 산소 하나, 수소 네 개인데 비쌀 수가 없다!).

메탄올은 눈과 호흡기계에 심한 자극을 줄 수 있고, 태아 또는 생식 능력에 손상을 일으킬 수 있다. 흡입할 경우 신체의 중추신경계, 소화계 및 시신경을 손상시킬 수도 있다. 소주잔으로 반 잔, 즉 $15ml$ 이상을 먹으면 실명과 호흡 곤란이 오고 사람에 따라 편차가 크긴 하지만 $60{\sim}240ml$ 정도를 먹는다면 독성으로 사망하게 된다.

비슷한 작용을 하지만 독성이 훨씬 적은 에탄올에 비하여 kg당 가격이 1/3 정도이기 때문에 최근까지도 자동차 워셔액의 대부분을 메탄올로 사용했다. 다행히 지금은 조금만 흡입해도 눈이나 호흡기 및 신체 장기에 큰 독성을 나타낸다는 사실이 보도되면서 사용이 금지되었다.

메탄올의 독성을 가장 잘 나타내는 사고는 2016년 6월 17일 인도 뭄바이의 메탄올 밀주 사건이다. 술에 들어가는 탄소 두 개짜리 에탄올에 비해 가격이 싸고 빨리 취할 수 있는 메탄올을 이용해 만든 밀주가 뭄바이에서 유통되었다. 이 사실을 모르고 밀주를 마셨던 많은 사람이 구토와 복통, 호흡 곤란을 호소하였고, 약 90명이 사망하고 수십 명이 실명되거나 중태에 빠졌다. 이 독성은 메탄올이 간에서 효소에 의해 첫 번째로 산화되어 생기는 포름알데히드 때문이다.

포름알데히드는 세포를 죽이는 독성이 크고 돌연변이 세포를 만들거나 단백질을 변성시킨다. 특히 메탄올이 실명과 관련이 큰 이유는 눈에 알코올을 산화시키는 효소가 가득하기 때문이다. 앞서 알코올의 예로 든 물질 중 하나인 '레티놀'은 안구에서 산화효소에 의해 '레티날(retinal, 레티놀이 산화되어 생기는 알데히드)'로 변하고, 레티날은 시각 작용의 큰 축을 담당한다. 이 작용을 위해 존재하는 알코올 산화효소가 메탄올과 만나면 포름알데히드를 생성하여 실명까지 이르게 한다.

만약 실수로 메탄올을 섭취했다면 어떻게 해야 할까? 다행히도 메탄올은 간에서 분해되는 데 시간이 걸리는 편이므로 최대한 빨리 병원에 가서 위세척을 해 흡수되지 않은 메탄올을 빼내야 한다. 동시에 에탄올을 일정 농도 이상으로 주입하면, 알코올 분해효소는 메탄올보다 에탄올을 더 좋아하기 때문에 메탄올의 화학 반응을 일단 멈출 수 있다.

메탄올은 다양한 쓰임새 때문에 꼭 필요하지만, 매우 위험한 물질이기도 하다. 문제는 이런 메탄올이 알코올램프의 연료로 과학용품점에서 누구나 쉽게 구할 수 있다는 것이다. 이러한 상황은 자칫 큰 사고로 이어질 수도 있다. 나는 아이들에게 수업 시간에 알코올램프를 사용할 경우 실험 과정이나 결과가 궁금하더라도 아주 가까이에서 관찰해서는 안 된다고 이야기한다. 일선 학교에서도 이런 주의사항이 제대로 전달되기를 바란다.

1급 발암물질, 포름알데히드: 새집 증후군

학창시절 과학실 한쪽에는 투명한 유리병에 담긴 생물 표본들이 자리 잡고 있었다. 표본이 잠겨 있는 투명한 액체가 바로 포르말린인데 포름알데히드가 물에 35~38% 정도 녹아 있는 수용액으로 엄청난 방부 효과를 자랑한다.

포름알데히드는 메탄올이 산화되어 만들어진다(이 산화는 수소가 빠진 반응이다.). 탄소 원자와 산소 원자가 하나씩, 수소 원자 두 개인 총 네 개의 원자로 이루어진 매우 작고 반응성이 큰 화학 물질($HCHO$)이다. 분자 간에 서로를 잡아당기는 힘이 약해서 $-19\,^{\circ}\!C$보다 높은 온도에서는 무색의 기체로 존재하며 자극적인 냄새를 가진 극인화성·가연성 화학 물질이다. 메탄알 또는 폼알데하이드라고도 부른다.

포름알데히드는 새집 증후군의 원인 물질로 널리 알려져 있지만, 일상생활에서도 쉽게 만들어진다. 가정에서 조리용이나 난방용으로 사용하는 도시가스(천연가스)는 주성분이 탄소 원자 하나와 수소 원자 네 개가 결합한 메테인(CH_4, 메탄)이다. 이 물질이 공기 중에서 산소와 만나 햇빛에 의해 반응하게 될 때에도 포름알데히드가 생성된다.

이렇게 작은 분자인 포름알데히드는 왜 위험물의 대명사가 되었을까? 포름알데히드는 작은 분자들 사이에서 결합을 촉진하는 능력이 뛰어나기 때문에 다양한 플라스틱 수지를 만드는 원료로 사용된다. 그러나 이 반응성으로 인해 인체 내에 있는 DNA나 단백질 및 지질 사이에서 비특이적인 중합 반응(작은 분자들을 합하여 큰 덩어리를 만드는 반응)을 일으켜 돌연변이 세포를 만들어낸다.

국제암연구소(IARC)에서는 1군 발암물질로 지정하였으며, 높은 농도의 포름알데히드에 지속적으로 노출되면 비인두암과 백혈병이 발병할 수 있다. 2000년도에 시신 처리 방부제로 사용하던 포름알데히드 223ℓ를 아무런 처리 없이 하수구를 통해 한강으로 배출한 사건이 있었는데, 돌연변이 세포를 만드는 포름알데히드의 특징을 모티브로 만든 영화가 〈괴물〉이다.

그럼 대체 이렇게 위험한 물질인 포름알데히드를 사용하는 이유는 무엇일까? 포름알데히드는 질소 화합물과 반응하여 안정한 요소 비료를 만들거나 플라스틱 필름을 제조하는 원료 물질이다. 살균과 소독의 특성을 이용하여 살충제, 살균제, 제초제로 널리 사용되며, 방부제로써의 성능이 떨어난다. 금속 제품의 부식 방지용 도료 및 절연제로 쓰이기도 하는 등 다양한 용도로 널리 사용된다.

분식집이나 중국집에서 쉽게 볼 수 있는 하얀 플라스틱 그릇, 얼룩

103

이 묻은 자리를 말끔히 지워주는 매직 블록은 포름알데히드가 원료인 고분자로 만들어셨나. 이미 고분자로 만들어진 후에는 그 속에 포함된 포름알데히드의 양은 거의 없다고 봐도 된다. 혹시 남아 있을지도 모르는 미량의 포름알데히드가 걱정된다면 사용 전에 물건을 공기 중에 잠시 두었다가 꼼꼼하게 세척하는 과정을 거치면 거의 제거된다.

자연계에서 늘 생성되는 포름알데히드는 실제로 매우 저농도이고 가볍기 때문에 공기 중으로 빨리 확산되어서 큰 문제가 되지 않는다. 하지만 우리가 포름알데히드를 가장 높은 농도로 오랜 시간 접촉하게 되는 상황이 있는데, 바로 새집이나 새 가구를 들여놓는 경우이다. 새집 증후군을 일으키는 주범인 포름알데히드는 다양한 용도로 사용되기 때문에 다른 물질에 비해 상대적인 농도가 높고, 1군 발암물질로 독성도 심각하다.

집을 구을 방법

아주 다행스러운 사실은 새집 증후군을 일으키는 대부분의 화학 물질은 휘발성이 크다는 것이다. 휘발성이 강한 물질의 화학적 특성을 이용하여 새집 증후군을 일으키는 물질 대부분을 없앨 수 있는 좋은 해결책이 있는데 그것이 바로 '집을 굽는 것(Bake Out)'이다. 일반적 단계는 다음과 같다.

물론 사람이 거주하기 전에 실행해야 하며, 이사 전이나 입주하기 전에 해야 한다. 만약 새 가구를 들여놓는 상황이라면 집에 사람이 없는 시간을 골라서 여러 번 시행하는 것이 좋다. 새집 증후군의 원인 물질을 효과적으로 없애기 위해서는 난방기 가동시간을 10시간 정도로 늘려서 고온 환경을 유지하고, 1시간 이상 환기하는 과정을 다섯 차례 이상 반복하는 것이 좋다. 그렇게 하기 어려운 상황이라면 사흘 이상 고온 환경을 유지하고 하루 정도 완전히 창문을 열어 환기하는 것이 좋다.

베이크 아웃시 반드시 기억해야 할 것은 고온 상태를 유지한 후에 실내에 들어가기 전 숨을 크게 들이쉬고 빛의 속도로 모든 창문을 순식간에 열고 나와야 한다. 새집 증후군을 피하기 위해서 집을 굽는 것인데 들어가서 천천히 창문을 열고 구석구석 살피고 나온다면 애써 방출시킨 새집 증후군 유발 물질을 고스란히 다 마시게 된다.

이렇게 집을 굽는 방법 외에도 공기 정화에 효과가 있는 것으로 확실하게 증명된 여러 식물을 실내에서 키우거나 공기 청정기 등을 사용하는 부가적인 방법도 있다. 하지만 단시간에 가장 확실한 효과를 나타내는 것은 집을 굽는 것이다. 새집 증후군의 원인 물질을 확실하게 분해한다는 제품을 집에 뿌리는 방법은 화학자의 눈으로 봤을 때 가장 나중에 선택해야 할 방법이다.

화학 물질은 그 자체로 나쁜 것이 아니라 옳지 않은 장소와 시간에 과량으로 존재하는 경우 문제가 된다. 포름알데히드라는 화학 물질을 분해하기 위하여 다른 화학 물질을 집에 뿌리는 건 또 다른 증후군을 일으키는 원인이 될 수도 있다.

벌레에 물렸을 때

메탄올이 한 번 산화되면 포름알데히드가 되고, 또 한 번 산화되면 최종적으로 탄소 원자 하나와 산소 원자 두 개, 수소 원자 두 개가 결합한 포름산($HCOOH$)이 된다. 체계적으로 화학 물질의 이름을 붙이는 IUPAC 명으로는 탄소가 하나라는 특징의 메탄산(Metanoic acid)이라고 하지만, 처음 이 물질이 개미에서 분리되었기 때문에 라틴어로 개미를 뜻하는 formica를 어원으로 포름산(Formic acid) 또는 개미산이라고 부른다.

포름산은 메탄올과 포름알데히드처럼 특유의 자극적인 냄새가 나고 1기압의 상온 상태에서 무색 액체인 화학 물질이다. 2%의 저농도에서도 가려움증을 유발하고, 농도가 10% 이상인 경우 부식성을 띠어서 피부나 눈에 닿으면 위험하다. 포름알데히드처럼 독성이 강하지는 않지만 신경 조직에 해를 입힐 가능성이 있다. 일정 농도를 넘지 않는 범위 내에서 가축 사료의 방부제로 첨가된다.

사실 포름산은 그동안 메탄올이나 포름알데히드에 비하여 그다지 주목받는 화학 물질은 아니었다. 산업적으로 아주 쓰임새가 많거나 독성이 치명적으로 강하지 않아서 꼭 피해야 할 물질로 분류되지 않았기 때문이다. 하지만 최근에는 상황이 매우 달라지고 있다. 포름산의 구조는 다음과 같은데, 분자식으로 나타내면 HCO_2H가 된다.

포름산의 구조

분자식과 구조식을 보고 어떤 화학 물질을 떠올릴 수 있다면 이제 화학의 눈이 트인 사람이라고 자부해도 좋다. 포름산은 특정 촉매를 사용할 경우 아주 효과적으로 수소와 이산화탄소로 변한다. 전혀 과학을 모르는 사람이라도 '연료 전지'라는 단어는 뉴스에서 한두 번 접해 봤을 것이다. 연료 전지는 수소와 산소를 이용하여 물을 만드는 과정에서 전기를 얻는 전지이다. 생성물이 난지 물이기 때문에 환경오염이나 지구온난화(기후변화) 등의 이상 현상을 전혀 일으키지 않는 유용한 차세대 에너지원으로 꼽힌다.

$$2H_2 + O_2 \longrightarrow 2H_2O$$

연료 전지에서 일어나는 화학 반응

　연료 전지의 장점은 많은 연구를 통해 입증되었다. 그러나 대기 중에 풍부한 산소와 다르게 수소는 너무 가볍고 폭발성이 커서 안정적으로 다루는 데 많은 어려움이 있다. 따라서 포름산을 이용하여 이산화탄소와 수소로 전환되고 다시 이산화탄소와 수소가 포름산으로 전환되는 화학 반응을 통하여 미래에 대규모 수소 저장 시스템을 구현할 가능성이 한층 더 커지고 있는 상황이다.

　아이들의 낙서를 지우거나 고무로 된 실내화를 빨 때 사용하는 매직 블록이나, 깨지지 않고 가벼운 플라스틱 식기가 없는 일상은 상상이 되지 않는다. 반면에 새집 증후군으로 가족들이 고생하는 일이 절대 생기지 않기를 바라기도 한다. 그렇다면 포름알데히드는 필요한 화학 물질일까? 아니면 없애야 하는 화학 물질일까?

　예전에는 주목받지 못하던 물질도 기술의 발달로 인해 대단한 화학 물질로 새롭게 주목받는 경우가 있다. 이처럼 모든 화학 물질은 결국 사람이 어떻게 사용하느냐에 따라 그 운명이 결정된다고 볼 수 있다. 위험한 물질이라도 충분히 안전한 보호 장구와 환경을 갖춘 상황에서 사용하면 정말 중요하고 필수적인 화학 물질이 될 수 있지만, 별다른 생각 없이 그냥 사용할 경우 자동차의 메탄올 워셔액처럼 생각지도 못한 피해를 줄 수 있다. 결국, 아는 것이 힘이 된다.

술과 숙취, 그리고 식초

디오니소스의 친구인 에탄올과 그 산화물들

디오니소스의 친구 에탄올

디오니소스(Dionysus)는 고대 그리스 신화에 나오는 술과 풍요, 포도나무, 광기, 다산의 신이다. 로마 신화에서는 바쿠스(Bacchus)라고 부른다. 제우스와 테베의 공주 세멜레의 아들로 원래 신과 인간 사이에서 태어나면 모두 인간으로 여겨지던 그리스 로마 신화 세계에서 유일하게 신이 된 반신반인이다. 그 이유는 남편의 외도에 화가 난 헤라 여신의 응징으로, 세멜레가 제우스의 진짜 모습인 천둥 번개와 마주하자 불에 타죽었고 그 당시 엄마의 배 속에 있던 디오니소스를 제우스가 거두어 자기 허벅지에 넣고 키우다가 세상으로 내보냈기 때문이다.

헤라의 괴롭힘을 피해서 요정들의 손에 자란 디오니소스는 포도를 재배하는 법을 배우고 포도주를 만드는 법을 스스로 터득하지만, 헤라의 저주를 받아 포도주로 인한 이성 마비, 본능과 욕정, 축제와 광기

미켈란젤로 메리시 다 카라바조의 바쿠스

에 몰두하게 되어 미치광이로 떠돈다. 결국 제우스의 엄마이자 신들의 어머니인 레아 여신에 의해 치유되어 사람들에게 포도 재배법과 포도주 담그는 법을 알려주고, 인간들이 그를 신으로 모시게 된다. 그리스와 로마에서는 디오니소스를 숭배하는(포도주를 이성을 잃을 정도로 마시는) 축제를 오랫동안 전통으로 유지하였다.

그리스 로마 신화에 술의 신이 등장할 정도로 술은 인류와 밀접한 관계를 가졌다. 사전적인 정의로는 "에탄올(에틸알코올, C_2H_5OH)을 15℃의 온도에서 부피 비로 1% 이상 함유한 음료"이다. 에탄올은 탄소 하나짜리 메탄올에 이어 자연계에서 두 번째로 간단한 알코올이다. 에탄올이 체내에 들어올 경우 첫 단계에서는 수소를 잃는 산화 반응으로 아세트알데히드가 되고, 산소와 결합하는 또 한 번의 산화 반응을 통해서 아세트산으로 변한다.

H-C-C-OH (에탄올) $\xrightarrow{-H_2}$ H-C-C-H (아세트알데히드) $\xrightarrow{+O}$ H-C-C-OH (아세트산)

에탄올의 산화 과정

에탄올은 상온에서 무색이고 특유한 냄새가 나는 액체이다. 물과 어떠한 비율로 혼합해도 완전하게 섞이며, 78℃에서 기체로 변하고, 기체 상태에서 130℃가 되면 불이 붙는다. 휘발성이 좋아서 향수의 원료로도 사용된다. 술의 주성분으로 알려져 있으나 사실 에탄올이 가장 많이 사용되는 분야는 자동차 연료 및 연료 첨가제이다. 약품이나 화장품의 제조 원료, 식품의 방부제나 다른 화학 물질의 용매, 그리고 살균·소독제로도 사용된다.

우리나라는 신종플루와 메르스 사태를 겪으면서 개인 위생에 대한 인식이 많이 달라졌다. 손을 씻을 수 없는 상황이나 평소보다 더 강력한 소독 작용이 필요한 환경에서 간편하게 사용할 수 있는 손 소독제의 수요가 폭발적으로 늘었다. 손 소독제는 대부분 에탄올을 주성분으로 알로에 겔과 같은 응집제, 피부 보호제 등을 첨가한 제품이다.

에탄올은 물과 잘 섞일 뿐 아니라 기름과도 완전하게 섞인다. 그 이유는 구조 때문인데, C_2H_5OH의 탄소 두 개와 수소 다섯 개 부분(C_2H_5)이 비극성(결합한 원자 사이에 전자의 쏠림이 없는 상태)인 기름과 잘 섞이는 부분이고, 뒤쪽의 산소 하나와 수소 하나가 연결된 $-OH$(하이드록시기)가 물과 잘 섞이는 부분이다. 이런 화학적인 성질 때문에 에탄올은 단백질과 반응하여 단백질의 성질과 모양을 변형시키고 세균의 가장 바깥쪽 막을 구성하는 지질(기름)을 녹이고 세균을 터뜨려서 살균·소독 작용을 한다. 따라서 지질막이 없는 노로바이러스 같은 경우는 에탄올로 소독하는 것이 효과가 없다.

소독제로 사용하는 경우 약 70~80%의 적절한 농도로 세균의 안쪽까지 잘 침투해 소독 효과가 극대화된다. 이보다 농도가 높아지면 세균의 표면이 굳는 속도가 너무 빨라서 에탄올이 세균의 속까지 침투하기가 어렵다. 소독용 에탄올이 몸속으로 들어가면 상처 부위의 세포가 괴사할 수 있으므로, 손이나 의료 기구를 소독하는 용도로만 사용하는 것이 안전하다. 식품의 경우 냉장으로 유통되는 냉면이나 칼국수면 등 생면을 포장할 때 세균의 번식을 막는 방부제로 사용한다.

공업용 에탄올과 마시는 에탄올은 다르다?

화학적으로 보면 공업용 에탄올과 마시는 에탄올에 들어 있는 에탄올 분자는 동일하다. 물론 제조 공정을 보면 공업용 에탄올은 석유에서 뽑아낸 에틸렌(C_2H_4)과 물을 황산 같은 강산을 촉매로 250℃ 이상의 고온에서 반응시켜 만든다. 마시는 에탄올은 미생물을 이용하여 쌀, 보리, 밀 같은 곡물이나 포도 같은 과일을 발효시켜 만든다.

발효는 산소가 부족한 상태에서 포도당을 이산화탄소와 물로 완전히 분해하지 못하고 에탄올과 이산화탄소로 어중간하게 분해하는 화학 반응이다. 그렇기 때문에 산소가 들어가지 않도록 하는 것이 매우 중요하다. 만약 산소가 들어가면 산화가 한 번 더 일어나 아세트산이 생성된다. 결국, 술을 만들다가 잘못되면 식초가 된다.

공업용 에탄올의 제조 과정

둘은 분자 자체만으로는 완전하게 똑같은 에탄올이다. 그러나 공업용 에탄올은 만드는 과정에서 첨가하는 황산이나 250℃가 넘는 고온 환경 때문에 여러 가지 부산물이 생긴다. 이 과정에서 인체에 해로운 불순물이 완전하게 걸러지지 않을 수 있으므로 섭취해서는 안 된다.

또 하나, 공업용 에탄올은 마시는 에탄올과 달리 '주세'가 붙지 않는다. 실험할 때 시약으로 쓰거나 의약품의 제조 원료로 사용하는 것들은 거의 완벽하게 정제가 된 순수 에탄올이라고 볼 수 있다. 문제는 세금을 피하려고 공업용 에탄올로 술을 만드는 사람들이다. 그래서 대다수의 나라에서는 순수한 공업용 에탄올에 메탄올처럼 화학적 성질이 거의 비슷하고 독성이 강한 물질이나 맛을 변하게 하는 물질을 넣어서 유통하도록 하고 있다.

바이오 에탄올

과학에 관심이 있거나 뉴스를 열심히 보는 사람이라면 '바이오 에탄올'이라는 단어를 들어봤을 것이다. 바이오 에탄올은 말 그대로 BIO, 즉 생명과 관계가 있는데, 연료로 사용하기 위해 곡물의 발효 과정을 거쳐 얻은 알코올을 말한다. 술에 들어가는 알코올과 똑같은 과정을 거쳐 만들어지기 때문에 순도가 높다.

석유 같은 화석 연료와는 다르게 아황산가스(SO_2)나 금속 산화물 또는 유증기처럼 연소 되지 않고 나오는 휘발성 유기 화합물(volatile organic compound, VOC) 같은 오염물질이 발생하지 않는다. 시추하거나 운반하는 과정에서 사고나 환경 오염이 일어날 가능성도 매우 적다(2007년 태안의 유조선 사고를 생각해보자.)는 점에서 각광받는 연료이다.

하지만 바이오 에탄올의 원료로 사용되는 1세대 곡물류인 옥수수, 사탕수수, 카사바 등의 알코올 전환 비율이 40% 정도이고, 2세대 목질류인 볏짚이나 작은 나무, 3세대인 기르기 쉽고 빨리 번식하는 해조류를 발효시켜 얻을 경우 알코올 전환 비율이 20%밖에 되지 않아서 효율이 매우 낮다는 문제가 있다.

우리 집에 화학자가 산다

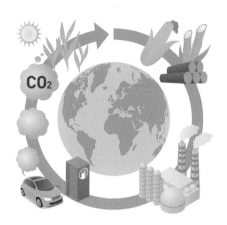

바이오 연료의 순환 과정

바이오 에탄올 생산 세계 1위 국가인 미국의 경우를 보면 바이오 에 탄올을 제조하기 위해서 옥수수를 재배하는 면적은 늘었으나 가축 사 료용으로 쓸 옥수수까지 바이오 에탄올을 만드는 곳으로 팔아버려 서 사룟값 상승으로 인한 낙농·목축 제품의 가격 상승과 콩을 재배하 던 농가들이 옥수수를 키우게 되면서 국제 콩 가격이 상승하게 되는 여러 부작용이 발생했다. 2008년 국제 곡물값이 급등하게 된 원인의 75%가 바이오 에탄올 때문이라는 연구 결과가 있을 정도다.

물론 브라질처럼 남아도는 사탕수수를 처리하기 위하여 1960년대 부터 바이오 에탄올을 생산하고 사용하는 것을 적극 권장한 나라도 있다. 그린 나라들은 전체 자동차 연료의 약 40%를 바이오 에탄올로 채우고 있으나 사탕수수를 재배하기 위하여 아마존 밀림 지역을 불태 우고 개간하는 일이 비일비재하여 지구의 산소 공급원이 매우 위협받

117

고 있다. 또한 제조 과정 자체가 마시는 에탄올을 만드는 발효 과정이므로(게다가 원료가 사탕수수라니 얼마나 달콤할 것인가?) 바이오 에탄올을 이용하여 밀주를 만드는 사람들이 너무 많아져서 현재는 의무적으로 바이오 에탄올에 20%의 휘발유를 반드시 섞어서 유통하도록 하고 있다.

'바이오'라는 단어가 들어가면 왠지 환경 친화적일 것 같다. 바이오 에탄올처럼 '신재생 에너지'라는 이름으로 불리는 연료라면 지구를 위해서도 나를 위해서도 더더욱 좋을 거 같지만, 실제로는 옥수수 같은 원료를 재배하고 발효하는 과정에서 생기는 직·간접적인 온실가스 배출도 무시할 수 없다.

개간을 위한 삼림 파괴와 생산량을 늘리기 위해 대량으로 사용하는 화학 비료에 따른 부작용, 생각보다 낮은 알코올 전환 능력을 고려하면 과연 바이오 에탄올을 장려하는 것이 옳은 일인지 생각해 볼 필요가 있다. 연료통 크기가 95ℓ인 SUV 자동차에 바이오 에탄올을 가득 채우기 위해 사용되는 옥수수의 양이 한 사람을 일 년 동안 먹여 살릴 수 있는 옥수수의 양과 같다는 것을 곱씹어본다.

술을 마시면 얼굴이 빨개지는 이유

숙취는 보통 술을 마신 뒤 잠을 자고 일어났을 때 느껴지는 두통, 온몸의 찌뿌드드함, 평소와는 다른 작업 능력의 감퇴 현상이 하루 정도 지속되는 현상이다. 물론 술을 마셨기 때문에 생기지만 정확하게는 에탄올의 작용이 아니라 에탄올이 산화되어 생기는 아세트알데히드

우리 집에 화학자가 산다

의 독성 때문이다.

아세트알데히드는 가연성인 무색의 휘발성 액체로 특유의 냄새가 난다. 유해 화학 물질 분류에서 발암 가능성이 있는 물질인 2군 B그룹(인간에게 암을 일으킬 가능성이 있는 물질)에 지정되었다. 아세트알데히드 때문에 암이 발생하는 가장 일반적인 과정은 간에 있는 지방을 변형시켜 과산화지질로 만들고, 이 물질이 간에 축적되어 알코올성 지방간이 되는 것이다. 더 심해지면 간염이나 간경화, 간암으로 발전한다.

아세트알데히드는 일반적으로 공장 폐수나 오염된 공기에도 많이 포함되어 있고 인체 내에서 일어나는 물질대사를 통해서도 생성된다. 특히 담배 연기에도 포함되어 있는데, 니코틴처럼 중독을 일으킬 가능성이 있고 심장 박동과 호흡수의 비정상적인 증가가 호흡 곤란, 호흡기계의 염증 등으로 이어질 수 있다. 세계 보건 기구(WHO)에서는 아세트알데히드를 담배에 함유된 아홉 가지 주요 유해 물질 중 하나로 지정하여 관리하고 있다.

실생활에서 독성 및 효과를 가장 잘 체감하는 순간은 술을 먹고 나서 얼굴이 빨개질 때이다. 아세트알데히드의 가장 흔한 생리학적인 효과는 혈관 이완인데 얼굴을 비롯한 몸 곳곳이 빨개진다. 특히 머리의 혈관이 이완되면 숙취의 두통이 아니라, 음주하는 순간에 머리가 터질 것처럼 아픈 두통과 어지러움을 겪을 수도 있다. 이완기 혈압이 떨어지는 현상을 방지하기 위해 심장은 더 빨리 뛰는 악순환이 생기기 때문에 몸에 무리가 간다.

물론 알코올 분해효소가 남들보다 많은, 흔히들 이야기하는 술이

센 사람들은 느껴보지 못한 고통일 수도 있다. 우리나라를 비롯한 일본, 중국 등 동아시아인의 약 40%가 술을 마신 후 안면홍조를 경험한다는 연구 결과에 기초해보면 동아시아인의 알코올 분해효소량이 다른 지역 사람에 비해 적다는 것을 알 수 있다. 결국 독성 물질인 아세트알데히드를 간에서 얼마나 빨리 분해하느냐에 따라 사람들의 음주량 및 숙취의 정도가 달라지고 제정신이 아닌 상태에서 일으키는 사건과 사고의 수위가 결정된다.

모든 화학 물질이 이중성을 갖고 있는 것처럼 아세트알데히드도 무조건 나쁘고 쓸데없는 화학 물질은 아니다. 많은 물질의 원료로 쓰이기 때문에 공업적으로 매우 중요한 위치를 차지하고 있다. 플라스틱, 합성 고무, 아닐린 염료의 원료 물질로 사용되고 은도금이 된 거울을 만드는 데도 필요하다. 과일의 훈증제나 오렌지, 사과, 바나나 등의 합성 착향료의 성분, 소독제, 폭발물, 산화 방지제의 원료 물질로도 사용된다.

식초와 빙초산은 같은 걸까?

에탄올이 두 번 산화되어 생기는 아세트산은 중·고등학교 때 가장 많이 들어본 이름의 산이다. 보통 CH_3COOH라는 시성식으로 잘 알려져 있다(시성식은 -COOH라는 카르복시기를 나타내어 산이라는 물질의 성질을 강조한 식을 말한다.). 아세트산은 식초라고 생각하는 사람들이 많지만, 정확하게 말하면 식초는 아세트산이 5% 정도 들어 있는 수용액이다. 아세트산이 식초의 원료로 쓰이기 때문에 '초산'이라고 부르기도 한다. 순수한 아세트산은 녹는점이 16.7℃이므로 추운 겨울에는 고체 상태로 존재하기 쉬워서 '빙초산'이라는 이름으로도 널리 알려져 있다. 식초의 신맛과 자극성 냄새가 나는 무색의 액체로 인화성과 부식성이 강해서 보관에 주의해야 하는 유기 화합물이다.

아세트산은 종이나 옷감을 코팅하는 용도로 사용되는 폴리비닐아세테이트(poly vinyl acetate, PVA) 고분자를 만들 때, 잘 구겨지지 않는 특징이 있는 폴리에스테르 합성 섬유의 원료 등으로 사용된다. 의약품의 원료로도 많은 양이 사용되는데, 가장 잘 알려진 것은 1년에 500억 정이 판매되고 있는 아스피린이다. 생활 속에서 가장 널리 알려진 용도는 식초의 주성분이라는 것이다. 식품의 산미 증진제와 방부제로 사용하기도 하며, 특히 가축용 목초를 저장할 때 가축이 먹어도 안전한 방부제로 쓰인다.

우리가 화학적으로 어렴풋이 알고 있어서 발생하는 가장 흔한 오해는 식초와 빙초산이 같다고 생각하는 것이다. 곡물이나 과일을 발효시키면 알코올을 거쳐 아세트산으로 변하는데 이것을 '식초'라고 한다. 식초는 원재료의 영양분이 포함된 천연 발효 조미료이다. 물론 화학적으로 합성한 빙초산(99% 이상의 순수한 아세트산)과 식초에 약 5% 정도 포함된 아세트산을 구성하는 물질은 동일하다.

하지만 빙초산에는 식초에 들어 있는 곡물이나 과일의 영양분은 전혀 없다. 대량으로 초절임 무 같은 저장 음식을 만드는 음식점에서 식초 대신 빙초산을 희석해 사용하는 건 영양학적인 관점에서 보았을 때 그다지 권장할 만한 일이 아니다. 그러나 시각적인 효과나 비용 절감을 위해서 빙초산을 사용하는 경우가 많다. 치킨과 함께 배달되는 무를 생각해보면, 식초의 색깔처럼 노란빛보다는 새하얀 무가 떠오를 것이다.

순수한 고농도의 빙초산은 직접 접촉할 경우 통증, 홍반, 물집, 심하게는 화상과 피부 손상도 발생한다. 눈에 들어가면 강한 자극을 주고, 각막과 홍채 손상, 심한 경우 시력 상실도 일어난다. 그럴 일은 없겠지만 혹시라도 섭취하게 된다면 식도부터 시작해서 소화기관에 심각한 궤양과 괴사성 손상, 천공이 생기고 생명에 지장을 줄 수 있는 무서운 물질이므로 다루는 데 반드시 주의가 필요하다.

우리가 마시는 건 술이지만, 결국 식초로 변한다

알코올의 체내 대사 과정

에틸알코올 —체내 흡수→ 아세트알데히드 —해독→ 아세트산 —분해→ 물, 이산화탄소
                        (독성 물질)

아무리 비싸고 좋은 술을 마시더라도 화학적으로 보면 간에서 열심히 화학 반응을 하여 술을 식초로 만드는 과정일 뿐이다. 물론 최종적으로는 아세트산이 완전히 분해돼 이산화탄소와 물이 되어 땀, 소변,

호흡을 통해 몸 밖으로 배출되는 것으로 끝난다.

생각해보면 탄소 두 개짜리 간단한 알코올인 에탄올만큼 인류와 긴 시간 동안 함께하며 많은 영향을 미친 화학 물질을 찾기는 어려울 듯하다. 진정 효과를 가지고 있어서 서구에서는 예전부터 크게 놀라거나 몸이 안 좋을 때 럼주 한 잔을 먹고 자는 것이 민간요법으로 전해왔다. 우리나라에서도 육체가 힘든 일을 할 때면 순간적으로 기분을 좋게 하거나 기운을 차리도록 만드는 막걸리 한 잔이 특효약이었다. 술이 들어가면 사람들과의 대화도 자연스러워진다. 이런 술의 능력은 사실 에탄올이라는 화학 물질의 작용이었다. 간에서 에탄올을 분해하는 과정에서 나오는 아세트알데히드의 독성 때문에 머리는 그리 아팠으며, 술만 먹으면 이성을 잃는 어른들이 생기는 거였다.

사람이 문제가 아니고 술이 문제라는 사람들의 인식 속에 술을 마시고 저지른 범죄를 감형해 준 사례들이 많은 사람의 공분을 자아낸 것처럼 에탄올 또한 술이 문제라는 이야기를 들으며 많이 속상했을 것이다. "술이 사람을 취하게 하는 것이 아니라 사람이 스스로 취하는 것이다."라는 명심보감의 구절을 생각하며 화학 물질의 억울함을 풀어주고 싶은 밤이다.

08

레몬과 생선 비린내

산과 염기, 그리고 중화 반응

산과 염기란 무엇일까?

일상생활에서 우리는 산성, 염기성 또는 알칼리성 같은 단어를 흔히 접할 수 있다. 그렇다면 산과 염기란 무엇일까? 산과 염기의 주된 특성을 보면 다음과 같다.

산	1) 신맛을 나타낸다. 2) 철이나 아연 등의 금속과 반응해(부식시켜) 수소 기체를 발생시킨다. 3) 염기와 반응해(중화 반응) 물과 염이라는 화학 물질을 만든다.
염기	1) 쓴맛을 나타낸다. 2) 단백질을 녹이는 성질이 있다(만졌을 때 미끈거린다.). 3) 산과 반응해(중화 반응) 물과 염이라는 화학 물질을 만든다.

식초나 레모네이드처럼 신맛이 나면 산(酸, acid) 또는 산성(酸性, acidic) 물질이라고 한다. 청소나 세탁에 사용하는 살균 표백제인 릭스처럼 손에 묻었을 때 미끈거리는 느낌이 드는 물질을 염기(鹽基, base) 또는 염기성(鹽基性, basic) 물질이라고 한다.

초등학교 때 리트머스 종이 실험을 한 기억을 떠올려보자. 리트머스 시약(산과 염기를 구별하는 여러 지시약 중의 하나)을 사용해 파란색 리트머스 시험지를 빨갛게 바꾸면 '산', 빨간색 리트머스 시험지를 파랗게 바꾸면 '염기'가 된다는 이 실험은 정반대의 성질을 가진 두 물질의 특성을 대표적으로 보여준다.

대부분의 사람이 경험적으로 알고 있는 산과 염기의 정의는 1887년 스웨덴의 과학자 스반테 아레니우스(Svante Arrhenius)가 발표한 개념이다. 산이란 '물에 녹았을 때 수소 이온(H^+)을 내놓는 물질'이고 염기란 '물에 녹았을 때 수산화 이온(OH^-)을 내놓는 물질'이라는 것이다. 이 간단한 정의가 가진 화학적인 파급력은 어마어마했다.

산성의 원인이 되는 수소 이온은 양성자 하나와 전자 하나로 이루어진 간단한 수소 원자에서 양성자 주변을 돌고 있던 전자 하나가 빠져서 (+)전하를 갖게 된 화학종이다. 하지만 원자의 크기와 연관해서 생각해보면 원래 수소 원자 하나의 크기를 야구장만 하다고 가정할 때 중심의 양성자는 단지 완두콩만 한 크기이고, 나머지 야구장 영역을 전자가 돌아다니면서 가운데의 양성자를 안정화시키고 있는 구조이다.

수소(¹₁H)

    수소 이온이 되었다는 것은 야구장 크기의 전자구름으로 둘러싸여야 안정하게 있을 수 있는 양성자에서 전자구름을 제거한 상태를 말한다. 따라서 수소 이온은 주변에 전자를 가진 어떤 물질이 있더라도 달려가서 붙으려는 특성을 가진다.

    사실 수소 이온(H^+)은 물속에서 물 분자의 산소 원자가 가진 전자에 달라붙어서 H_3O^+라고 하는 하이드로늄 이온(hydronium ion)으로 존재하지만, 편의상 일반적인 화학책에는 수소 이온(H^+)으로 표시한다. 이런 수소 이온의 성질을 이용한 대표적인 음식이 집에서도 손쉽게 만들 수 있는 '리코타치즈'다. 우유에 들어 있는 단백질을 살짝 가열하면서 수소 이온(산)이 들어 있는 레몬즙을 넣어 수소 이온이 단백질과 결합해 구조를 바꾸게 만들어 고체 상태의 치즈가 완성된다.

    염기성의 원인이 되는 수산화 이온은 산소와 수소 원자, 외부에서 들어온 전자 이렇게 세 종류의 입자가 뭉쳐서 된 화학종으로 (-)전하를 띠고 있다. 가장 대표적인 염기인 암모니아는 사실 분자 자체에 수산화 이온을 가진 화학 물질이 아니라 물에 녹였을 때 물에 있는 수소 이온을 빼앗는 반응을 하여 결과적으로 수산화 이온을 발생시키므로 염기라고 한다.

암모니아(NH_3)를 기본으로 하는 화학 물질 중에서 수소 원자 하나를 다른 원자단으로 바꾼 물질을 "-아민"이라고 부르는데 생선에서 나는 비린내의 주요 원인이다. 빈속에 진한 커피를 마시거나, 신경성 위염 또는 과음한 다음날 속이 쓰릴 때 짜서 먹는 겔 상태의 제산제 또한 통증의 원인이 되는 위산을 제어하기 위해 수산화마그네슘($Mg(OH)_2$) 같은 염기를 사용한 의약품이다.

생선을 굽고 난 뒤 비린내를 없애는 방법: 중화 반응

산과 염기는 우리 생활과 아주 밀접한 화학 물질이다. 산과 염기의 반응을 '중화 반응(中和 反應, neutralization reaction)'이라고 한다. 중화 반응은 산의 성질을 나타내는 수소 이온과 염기의 성질을 나타내는 수산화 이온이 서로 만나 물이 되는 반응이다. 중화 반응이 완결된, 즉 수소 이온과 수산화 이온이 모두 반응하여 없어진 후에는 더 이상 산의 성질도 염기의 성질도 찾기 어렵게 된다.

강한 산으로 알고 있는 염산과 강한 염기로 알고 있는 수산화나트륨이 만나면, 물과 염화나트륨 수용액, 즉 소금물이 된다. 이를 증발시키면 남는 염화나트륨(소금, NaCl)처럼 산의 수소 이온을 제외한 음이온과 염기의 수산화 이온을 제외한 양이온이 만나서 만들어지는 물질을 염(salt)이라고 한다.

$$H^+(aq) + OH^-(aq) \longrightarrow H_2O(l)$$
$$HCl(aq) + NaOH(aq) \longrightarrow H_2O(l) + NaCl(aq)$$

* aq는 수용액 상태를, l은 액체 상태를 의미한다.

　집에서 생선을 구울 때 가장 신경 쓰이는 일은 생선을 굽고 난 뒤 프라이팬의 처리일 것이다. 주방세제로 두세 번 닦아도 고등어 같은 등푸른 생선의 비린내는 쉽게 없어지지 않는다. 어느 날 저녁 생선을 구웠던 프라이팬을 닦다가 화학자인 내가 화학 지식을 생활에 적용하지 못하고 있다는 것을 깨달았다. 세제로 한 번 닦은 프라이팬을 식초를 탄 물로 헹구니 비린내가 사라졌다. 중화 반응이 이렇게 고마울 줄이야!

산성을 나타내는 척도

　산과 염기의 세기를 과학적으로 정확하게 나타내기 위해서 약속된 기준이 있다. 산의 성질을 나타내는 수소 이온을 이용해 특정 기준보다 수소 이온이 많으면 산, 적으면 염기로 나타내는데, 산과 염기의 세기를 모두 아우르는 척도로 pH를 사용한다.

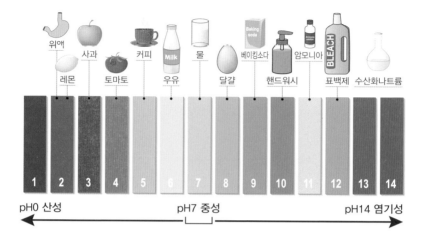

위애 사과 커피 Milk 물 베이킹소다 암모니아 BLEACH
레몬 토마토 우유 달걀 핸드워시 표백제 수산화나트륨

1 2 3 4 5 6 7 8 9 10 11 12 13 14

pH0 산성　　　　　　　　　pH7 중성　　　　　　　　pH14 염기성

　　물은 중성으로 수소 이온(H^+)과 수산화 이온(OH^-)의 농도가 10^{-7}
으로 같고, 매우 작다(약 5억 5500만 개의 물 분자 중 하나만 수소 이온과 수산
화 이온으로 쪼개진다는 뜻이다.). 중성인 물의 두 이온 농도를 곱하면 10^{-14}
이 된다. 산성이 된다는 것은 이 균형이 깨지면서 수소 이온의 농도가
커지고 수산화 이온의 농도는 작아진다는 것을, 염기성이 된다는 것은
수소 이온의 농도가 작아지고 그만큼 수산화 이온의 농도가 커진다는
것을 의미한다.

　　수학적으로 보면 로그(log) 기호의 정의에 따라 pH가 6에서 5로 1만
큼 작아진다는 것은 수소 이온의 농도가 10^{-6}에서 10^{-5}으로 10배 커진
다는 뜻이다. 따라서 산이라 하더라도 강산인지 약산인지에 따라서 일
어나는 화학 반응의 정도는 매우 다를 수밖에 없다.

우리 집에 화학자가 산다

강산과 강염기를 쉽게 구별하기

산과 염기의 강함과 약함을 구별하기 위해서는 '화학 평형'이라는 개념을 알아야 한다. 대부분의 화학 반응에서는 반응물에서 생성물로 변하는 정반응과 생성물에서 다시 반응물로 돌아오는 역반응이 동시에 일어난다. 화학 평형이란 이때 두 반응의 속도가 같아서 더 이상 반응이 일어나지 않는 것처럼 보이게 되는 상황을 말한다.

약산이 강산과 다른 점은 평형 상태에 도달했을 때 나오는 수소 이온의 수가 적다는 것이다. 예를 들어보자. 강산인 염산은 물에서 90% 이상이 쪼개져서 100개의 분자를 물에 녹인 상태라면, 90개 이상의 수소 이온이 나온다(이때는 평형이라고 얘기할 수 없을 만큼 역반응이 미미하다.). 약산인 아세트산은 100개의 분자 중에 1.3개 정도만이 수소 이온을 내놓은 상황에서 평형이 형성된다.

같은 수의 분자를 물에 넣어 수용액을 만든 상황이라도 실제 산성을 나타내는 수소 이온의 수는 확연히 차이가 나 약산과 강산으로 나누어지게 된다. 염기도 마찬가지로 구별한다.

옛말에 "공짜면 양잿물도 먹는다."라는 이야기가 있다. 이때 나오는 양잿물은 수산화나트륨(NaOH) 수용액으로 대표적인 강염기다. 상상조차 하기 싫지만, 만약 누군가 마시게 된다면 입에 닿는 순간부터 혀, 식도, 위, 소장 등의 단백질로 구성된 모든 소화기관을 녹여 생명이 위험해질 것이다.

만약 이런 사고가 발생한다면 그 사람을 구하기 위해 염기를 중화시키려고 산을 섭취하게 해야 할까? 강염기를 중화시키겠다며 염산

같은 강산을 사용한다면 산과 염기의 중화 반응에서 나오는 중화열, 염기가 안 닿은 곳에 닿은 산의 부식작용 같은 2차 피해가 더 심각해질 수 있다.

일반적으로 화학 물질에 접촉해서 사고가 발생한다면 다량의 물로 희석하는 과정이 가장 먼저 실행되어야 한다. 앞서 예로 든 강염기에 의한 사고라면 피부에 접촉한 경우 다량의 물로 씻어내면서 약한 산성 용액으로 중화시키는 것도 도움이 될 수 있을 것이다. 그러나 섭취한 경우라면 다량의 물로 희석하면서 빨리 몸 밖으로 빼내야 한다.

일상생활에서 사용되는 산과 염기의 종류는 생각보다 많아서 모든 화학 물질의 이름을 알고 어떤 물질이 강한지 또는 약한지를 외울 수도 없다. 그렇기 때문에 아주 대표적인 강산과 강염기를 간단하게 기억할 수 있는 방법을 하나 소개한다.

강산의 경우, 가장 유명한 3대 산인 염산(HCl 수용액), 황산(H_2SO_4 수용액), 질산(HNO_3) 수용액이 강산이라는 것과 한 가지 공식만 알면 된다. 그 공식은 다음과 같다. "산을 구성하는 산소 원자 수 – 수소 원자 수 ≥ 2이면 강산이다." 물론 이 공식을 설명하려면 공명 구조, 산화수 등의 화학적인 내용을 장황하게 이야기해야 하지만, 그런 건 화학 전공자들에게 양보하기로 하자.

이 공식을 알고 있다면 과염소산, 인산, 탄산, 아황산, 그리고 락스에 사용되는 성분 중 하나인 차아염소산(하이포아염소산) 등의 화학 물질이 강산인지 약산인지를 화학식을 통해서 바로 알 수 있다.

공식: 산을 구성하는 산소 원자 수 - 수소 원자 수 ≥ 2이면 강산이다

과염소산($HClO_4$) :　　산소 원자 수 - 수소 원자 수 = 3 (강산)
인산(H_3PO_4) :　　산소 원자 수 - 수소 원자 수 = 1 (약산)
탄산(H_2CO_3) :　　산소 원자 수 - 수소 원자 수 = 1 (약산)
아황산(H_2SO_3) :　　산소 원자 수 - 수소 원자 수 = 1 (약산)
차아염소산 ($HClO$) :　　산소 원자 수 - 수소 원자 수 = 0 (약산)

　이렇게 강산과 강염기를 구별하는 방법을 알고 있으면 이외의 나머지 산과 염기는 대부분 약산과 약염기라고 생각하면 된다. 대표적인 약염기로는 암모니아(NH_3)나 암모니아가 살짝 바뀐 아민(-NH_2, -NH, -N) 계열 화학 물질, 탄산수소나트륨($NaHCO_3$)이 있다.

　어떤 화학 물질이 산인지 염기인지 알아내기 위해서 항상 pH 척도를 이용한 계산을 해야만 한다면 매우 번거로울 것이다. 우리는 물질의 액성을 쉽게 알아보기 위해 주로 산-염기 지시약(acid-base indicator)을 사용한다. 지시약이라고 하면 아주 대단한 화학 물질 같지만, 흔하게 마실 수 있는 포도 주스나 적양배추, 블루베리나 진한색 꽃잎에 들어 있는 천연 색소도 산-염기 지시약으로 사용 가능하다.

　만약 직접 실험을 해보고 싶다면, 적양배추를 사용하자. 적양배추 반통을 가늘게 채썰어 뜨거운 물을 붓고 10분간 두었다가 걸러내 그 물을 사용한다. 적양배추 지시약은 pH2에서 붉은색, pH4에서 보리색, pH8에서 푸른색, 그리고 pH10에서는 푸른 녹색을 띤다. 이 지시약을 사용하면 일상생활에서 흔히 쓰는 식초나 베이킹소다, 비눗물 등의 대략적인 pH를 측정할 수 있다.

이런 천연 색소를 가진 식물들의 경우엔 토양의 산성과 염기성에 따라 꽃의 색이 달라지는 특징을 갖기도 한다. 무리지어 소담스럽게 피는 예쁜 꽃으로 유명한 수국은 약한 산성의 토양에서는 푸른색의 꽃을, 약한 염기성 토양에서는 붉은색의 꽃을 피운다.

완충 용액: 혈액

아레니우스의 산-염기 정의는 반드시 수용액에서 수소 이온을 내놓거나 수산화 이온을 내놓는 물질이라고 되어 있다. 그렇기 때문에 수용액이 아닌 기체의 반응이나 화학식에 수산화 이온이 없는 물질에 적용할 때에는 물과의 반응까지 고려해야 하는 한계가 있었다.

이런 한계를 극복하기 위해 1923년 덴마크의 화학자 요하네스 브뢴스테드(Johannes Brønsted)와 영국의 화학자 토머스 로우리(Thomas Lowry)가 '브뢴스테드-로우리의 산 염기 이론'을 발표했다. 화학적으로 보면 아레니우스의 정의 보다는 좀 더 확대된 영역의 브뢴스테드-로우리 이론이 훨씬 더 중요하게 다루어지고 있다.

브뢴스테드-로우리의 산 염기 정의
산 : 다른 화학 물질에 수소 이온(H^+)을 줄 수 있는 화학종 염기 : 다른 화학 물질로부터 수소 이온(H^+)을 받을 수 있는 화학종

우리 집에 화학자가 산다

이 이론에서 가장 중요한 개념은 어떤 산이 있을 때 그 산에서 수소 이온을 내놓은 후의 남은 음이온은 역반응이나 다른 반응에서 원래의 모습으로 돌아가기 위해 주어지는 수소 이온을 받는 짝염기로 작용한다는 것이다. 따라서 어떤 화학 물질이 약산(HA)이라면, 수소 이온을 내놓고 난 후에 생기는 음이온(A^-)은 원래의 모습으로 돌아가기 위해 수소 이온을 받는 짝염기이다.

물론 화학 물질이 강산이라면 수소 이온을 내놓는 반응이 워낙 잘 이루어지므로 강산의 짝염기는 수소 이온을 받는 특성이 매우 약한 약염기이다. 화학 물질이 약산이라면 처음부터 수소 이온을 내놓는 반응이 약하게 일어난다. 반대로 생각해보면 약산의 짝염기는 내놓기 싫은 전자를 억지로 내놓은 상황이므로 오히려 수소 이온을 잘 받아서 원래 상태가 되려는 경향이 있어 상대적으로 강한 염기성을 가진다.

이러한 짝산-짝염기 개념을 바탕으로 약산과 짝염기의 조합을 이용하여 산성도의 변화를 거의 나타나지 않도록 설계한 용액을 '완충 용액(Buffer solution)'이라고 한다. 대부분의 용액에 산이나 염기를 소량 첨가하면 pH가 엄청나게 바뀐다(물 한 잔에 강산 한 방울을 첨가하면 pH는 7에서 2로 떨어질 정도이다.). 하지만 보통 약한 산과 그 짝염기가 비슷한 양으로 들어 있는 완충 용액 한 잔에 강산 한 방울을 떨어뜨리면 pH는 약 0.02정도만 바뀔 뿐이다.

이 놀라운 완충 용액의 효과를 가장 확실하게 느끼고 있는 생명체가 바로 우리 인간이다. 사람의 혈액은 pH7.4의 약한 염기성인데 pH7.35~7.45 이상의 범위를 벗어나면 폐에서 세포로 산소를 운반하는 과정이나 세포 내에서 우리를 살 수 있게 하는 대부분의 화학 작용이 정상적인 반응을 하기 어려워져서 생명에 지장이 생긴다.

만약 혈액이 완충 용액이 아니라면, 약한 산인 탄산음료 한 잔을 마셔도 혈액이 산성화되어 큰 문제가 생길 것이다. 흥분 상태나 불안한 상태에서 호흡이 너무 가빠지게 되면 이산화탄소를 과하게 배출해 혈액의 pH가 정상 범위보다 커지게 되어 온몸이 저리고 어지러우며 손발 경련과 심장이 불규칙하게 뛴다. 게다가 심할 경우 이런 과호흡 증후군으로 끝나는 것이 아니라 혈액이 알칼리화(염기화)되어 바로 사망하게 될 것이다.

혈액의 완충 작용은 약산인 탄산(H_2CO_3)과 탄산의 짝염기인 탄산수소 이온(HCO_3^-)에 의해 일어난다. 만약 혈액에 산(수소 이온)이 들어오면 곧바로 탄산수소 이온과 결합해 탄산으로 바뀌게 되어 pH의 변화가 미미하게 된다. 염기(수산화 이온)가 들어오게 되면 바로 탄산과 중화 반응하여 물을 생성하면서 pH의 변화를 거의 일으키지 못하게 된다. 이러한 완충 용액의 놀라운 화학 반응 때문에 지금 이 순간 우리는 정상적인 생활을 하고 있다.

H^+ 첨가: $H^+ + HCO_3^- \rightarrow H_2CO_3$

OH^- 첨가: $OH^- + H_2CO_3 \rightarrow H_2O + HCO_3^-$

혈액의 완충 작용

우리 집에 화학자가 산다

아주 깨끗한 빗물의 pH는 얼마일까? 대부분 pH7일 거라고 생각한다. 아주 깨끗한 빗물이니 당연히 중성일 거라고. 하지만 우리가 숨 쉬는 대기에는 이산화탄소가 약 0.037% 포함되어 있다(1900년대 초까지만 해도 0.03%로 수천 년간 유지되었던 이산화탄소 농도가 고도의 산업화로 인한 인간 활동으로 급격하게 증가했다.). 순수한 물이 비로 내리더라도 대기 중 이산화탄소가 녹아 약간의 탄산을 포함하게 되므로 깨끗한 비의 pH는 약 5.6이다.

산성비는 pH가 5.6 미만의 비를 의미한다. 최근 서울에 내리는 빗물의 pH를 조사한 결과, 강수량이 적고 편서풍에 황 산화물과 질소 산화물의 양이 많아지는 11월에는 평균 pH가 4정도로 산성이 강한 것으로 나타났다. 11월이 되면 더 촉각을 세우고 아이들에게 우산을 꼭 챙겨주려고 노력한다.

오랫동안 약한 산성인 비가 계속 내리는 자연환경에서도 바닷물의 pH는 약 8.2로 유지되고 있었다(위도와 지역에 따라 ±0.3정도의 차이가 난다.). 바닷물을 효과적인 완충 용액으로 만들어 pH를 유지하는 화학물질은 탄산(H_2CO_3), 탄산수소 이온(HCO_3^-), 탄산 이온(CO_3^{2-})이다. 인간의 산업 활동으로 지난 200년 동안 대기로 배출된 이산화탄소량이 어마어마하게 늘어났다. 많아진 이산화탄소는 바닷물에 녹아 1800년대 이후로 바닷물의 pH가 약 0.1만큼 떨어졌다.

고작 0.1 떨어진 걸로 무슨 의미가 있냐고 반문할 수도 있지만, pH가 1 작아지면 수소 이온의 농도가 10배 늘어난다는 걸 떠올려보자.

pH가 0.1 떨어졌다는 것은 바닷물에 있던 수소 이온 농도가 약 26% 증가했다는 것을 의미한다.

이렇게 대기의 이산화탄소가 증가하여 바닷물의 pH가 낮아지는 현상을 해양 산성화(ocean acidification)라고 하는데 이로 인한 문제는 상상을 초월한다. 탄산에서 나오는 수소 이온이 탄산 이온과 반응해 바닷물 속의 탄산 이온의 수가 줄어들게 되면(반응 1), 바닷물의 탄산 이온을 유지하기 위해 산호초나 조개 같은 바다 생명체 껍데기의 탄산칼슘이 녹아서 탄산 이온을 만드는 반응(반응 2)이 일어나게 된다.

반응 1) $H^+(aq) + CO_3^{2-}(aq) \rightarrow HCO_3^-(aq)$

반응 2) $CaCO_3(s) \rightarrow Ca^{2+}(aq) + CO_3^{2-}(aq)$

산호초는 물속에서 광합성을 통해 산소를 생산하는데, 그 양은 실로 엄청나서 지구 대기의 산소 농도를 유지하는 데 아주 중요한 역할을 한다. 또한 물고기를 비롯한 수많은 바다 생물이 살아가는 중요한 터전이기도 하다. 해양 산성화로 인해 산호초의 성장이 느려지는 것은 물론 산호초가 녹아 죽어갈 수도 있다.

레몬과 생선 비린내로 우리 생활에서 쉽게 접할 수 있는 산과 염기가 사실은 생명체가 살아갈 수 있도록 균형을 잡아주는 중요한 역할을 하는 화학 물질이라는 사실까지, 사소하게 시작한 이야기가 너무 커져버렸다. 화학을 공부하면서 적정한 균형을 맞추는 것이야말로 너무나 중요한 일이라는 것을 항상 느낀다. 적정한 균형이 무너지면 처음에는 사소한 문제로 보이던 현상이 결국 파국을 일으킬 수도 있으니까.

09

엔트로피가 답이다

묽은 용액의 총괄성

물과 설탕물 중 어느 것이 더 빨리 증발할까?

덥고 건조한 날은 빨래가 너무 잘 말라서 널어놓은 수건만 봐도 기분이 좋아진다. 식탁 위에 있던 물컵의 물이 금세 줄어드는 건조한 날, 물을 끓이지 않아도 표면에 있던 물 분자들이 움직이다가 수증기로 날아가는 현상을 '증발'이라고 한다. 이렇게 증발된 입자들이 나타내는 압력은 '증기 압력'이라고 한다.

증기 압력을 잴 때에는 일정한 온도에서 뚜껑이 있는 용기에 액체를 넣어야 한다. 그리고 '액체→기체'로 증발하는 속도와 '기체→액체'로 응축되는 속도가 같아져 용기 안의 기체 수가 일정한 상태가 되었을 때 기체가 나타내는 압력을 측정해야 한다.

물과 설탕물을 같은 공간에 두었을 때 어느 쪽이 더 빨리 증발할까? 여기서 필요한 화학적인 개념은 '묽은 용액의 총괄성' 중 하나인 '증기 압력 내림'이다. 순수하게 물만 있는 용기 표면에 물 분자 100개가 놓여 있고, 이 중 절반인 50개가 증발하는 상황을 가정해보자.

물과 설탕 분자의 크기가 비슷하다고 가정할 때, 설탕물의 경우 표면에 물과 설탕 분자가 섞여서 100개 놓여 있을 것이다. 증발이 안 되는 설탕 분자의 특성상 설탕물의 표면에서 증발되는 물 분자의 수는 맹물에서 증발되는 50개보다 훨씬 적을 것이다. 따라서 증발이 되지 않는 비휘발성 용질이 녹아 있는 용액(설탕물)의 경우, 동일한 온도에서 순수한 용매인 물보다 증기 압력이 낮아지게 된다. 이를 '증기 압력 내림'이라고 한다.

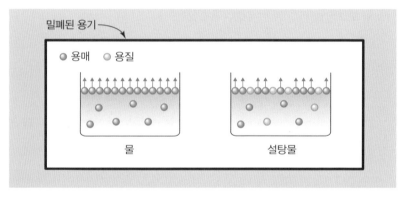

물의 경우 용매가 용액 표면 전체에서 증발하지만, 설탕물의 경우 표면에서 용질로 덮인 부분은 용매가 증발하지 못한다.

결국 용매인 물에 비휘발성 용질인 설탕이 녹아 있는 용액은 설탕(용질)이 물(용매)의 증발을 방해하여 같은 온도에서 내놓는 수증기의

우리 집에 화학자가 산다

수가 적어지게 된다. 증기 압력 내림 현상은 용액의 농도가 진해질수록 액체 표면에 있는 물 분자의 개수가 적어져서 증발현상이 약해지므로 더 뚜렷하게 나타난다. 아주 당연한 이야기를 '증기 압력 내림'이라는 화학적인 단어로 정의한 이유는 끓는점 오름과 어는점 내림, 그리고 삼투압이라는 우리 생활과 밀접한 현상을 이해하고 응용하기 위해서이다.

맛있는 라면을 끓이는 방법

라면을 끓일 때를 생각해보자. 처음에는 물이 담긴 냄비 바닥이나 옆면에 작은 기포들이 조금씩 생긴다. 하지만 이때를 물이 끓는다고 생각하진 않을 것이다. 우리가 '물이 끓는다'고 생각하는 순간은 물속에서 생긴 기포들이 커지면서 물 밖으로 나와 부글거리며 터질 때를 말한다. 이때의 온도를 과학적으로 '끓는점'이라고 한다.

끓는점의 정의는 액체의 증기 압력이 외부의 압력(대기압)과 같아질 때이다. 이렇게 되어야만 기화 현상이 활발하게 일어나 액체 속에서 생긴 기포가 액체의 압력에 눌려 작아지지 않고 점점 커져서 밖으로 나올 수 있다. 일상생활에서 이런 현상이 나타나려면 물의 증기압이 대기압(1기압)과 같아질 정도로 많이 수증기로 변해야 하기 때문에 높은 온도(100℃)가 되어야만 물이 끓게 된다.

그런데 설탕물의 경우 상황이 달라진다. 설탕물은 물의 증발을 방해하는 설탕 때문에 동일 온도에서 증기 압력이 더 낮다. 용매나 용액 모두 액체가 끓기 위해서는 외부 압력과 같은 증기 압력을 가져야만 한다. 기본직으로 날아가는 물 분사의 수가 적은 설탕물이 1기압의 증기 압력을 나타내기 위해서는 더 많은 열이 필요하다. 결국 설탕물(용액)의 끓는점은 높아지는데, 이 현상을 '끓는점 오름'이라고 한다. 용액의 농도가 진해지면 끓는점도 더 높게 올라간다. 농도가 진해진다는 건 설탕의 방해가 심해져서 물이 더 날아가기 어렵다는 것이니 더 많은 열이 필요할 수밖에.

라면을 맛있게 끓이는 법 중 하나로 꼽히는 '면보다 스프 먼저 넣기'는 앞서 이야기한 끓는점 오름 현상을 이용한 것이다. 물에 스프를 먼저 넣으면 끓을 때의 온도가 물의 끓는점인 100℃보다 높아지게 된다. 따라서 면이 익는 속도도 더 빨라지면서 쫄깃한 면발을 즐길 수 있다. 면을 구성하는 녹말의 호화(녹말에 물을 넣고 가열하면 조직이 부풀고 점성이 커져서 소화에 도움이 되고 맛이 좋아지는 현상) 속도를 빠르게 해서 식감이나 맛에 도움이 되는 것이다.

빙하 조각을 깨물면 짤까? 싱거울까?

만화 〈아기 공룡 둘리〉를 처음 봤을 때 가졌던 의문을 기억한다. 빙하를 타고 내려온 둘리가 갇혀 있던 얼음을 깨물면 짤까? 싱거울까? 먼바다에서 왔으니 짤 게 틀림없었다. 물론 고등학교 화학 시간에 어는점 내림을 배우고 나서는 지금까지 아무에게도 그런 궁금증을 가졌다는 걸 이야기하지 않았다. 화학자의 흑역사라고나 할까.

끓는점 오름이 용액 속의 용매인 물만 끓는 것과 마찬가지로 어는점 내림도 용액 속의 물만 어는 것이다. 다만 용액 속의 용질이 물 분자 간에 규칙적이고 강한 수소 결합이 생기면서 얼음으로 고체화되는 현상을 방해한다. 그래서 평소 물이 어는 온도인 0℃보다 더 낮은 온도가 되어야만 용질의 방해에도 불구하고 물 분자끼리 고체가 되는 결합을 원활하게 할 수 있어서 얼음이 된다(온도가 낮다는 건 물 분자의 운동 속도가 느려지고 서로 간의 거리가 조금이라도 짧아지게 된다는 것이다.).

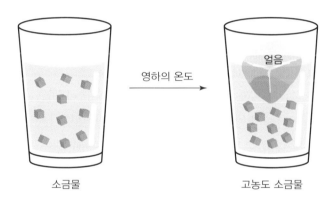

영하의 온도

소금물

고농도 소금물

얼음

어린이들이 좋아하는 튜브형 용기에 들어 있는 아이스크림을 완전히 녹였다가 다시 얼려본 적이 있다면 어는점 내림 현상이 더 잘 이해될 것이다. 분명 가게에서 사서 조금씩 녹이면서 머을 때는 처음부터 끝까지 동일한 맛의 아이스크림이었는데, 한번 녹은 걸 냉장고에서 다시 얼려서 먹게 되면 처음에는 아주 싱거운 얼음 맛만 나고 나중에야

제대로 맛이 나는 맛없는 아이스크림이 된다. 이 또한 아이스크림 성분 중 물만 먼저 얼고 맛있는 성분은 아래쪽에 모여서 일세 되기 때문이다. 아이스크림 공장은 집의 냉장고와는 비교도 안 되는 낮은 온도에서 급속으로 제품을 얼리기 때문에 처음부터 끝까지 조성이 거의 일정한 아이스크림을 만들 수 있다.

어는점 내림 현상을 응용한 사례 중 가장 흔하게 접할 수 있는 것이 바로 겨울철 눈이 오면 길에 뿌리는 염화칼슘($CaCl_2$)이다. 대부분의 고체는 물에 녹으면서 열을 흡수한다. 뜨거운 물의 열을 흡수하면서 녹기 때문에 찬물보다 뜨거운 물에 커피믹스를 타고, 똑같은 설탕이라도 찬물보다 뜨거운 물에 더 잘 녹는다.

하지만 염화칼슘은 반대의 성질을 갖고 있는 특이한 고체 중 하나로 물에 녹으면서 열을 발생한다. 따라서 눈길에 뿌려지는 염화칼슘의 작용은 첫째, 녹으면서 발생하는 열로 눈이나 빙판을 녹이는 것이고 둘째, 어는점 내림 현상을 나타내면서 0℃보다 훨씬 낮은 온도에서도 얼음이 얼지 않도록 방지하는 역할을 한다.

$$CaCl_2(s) + H_2O(l) \rightarrow Ca^{2+}(aq) + 2Cl^-(aq)$$

염화칼슘의 용해 과정

염화칼슘은 다른 고체에 비해 물에 용해되면 총 세 개의 이온으로 쪼개진다. 한 개의 염화칼슘을 뿌려도 마치 세 개의 용질 입자를 뿌린 것처럼 용액을 진하게 만들 수 있어서 어는점이 내려가는 효과가 더 좋은 제설제가 된다. 제설제로 염화칼슘을 사용하는 건 이런 화학적인 사실을 알고 있기에 가능한 일이다.

잉크가 퍼지는 이유 (feat. 방귀 냄새)

살아가면서 가장 민망한 순간 중 하나를 꼽자면 엘리베이터에서 방귀 현상을 못 참았을 때가 아닐까? 소리까지는 어찌 숨긴다고 해도 설상가상으로 묘한 냄새까지 나는 경우라면 더더욱 민망할 텐데 그런 경우에는 왜 그리 냄새가 잘 퍼지는지 괴로울 뿐이다. 이렇게 냄새 나는 기체가 그 공간 전체에 퍼져나가는 현상이나 물에 잉크 한 방울을 떨어뜨렸을 때 전체적으로 퍼져나가는 현상을 '확산'이라고 한다.

'확산'은 물질을 이루고 있는 입자(원자, 분자, 이온)들이 밀도나 농도가 높은 곳에서 낮은 곳으로 무질서한 열운동을 하면서 이동하여 최종적으로는 균일한 농도가 되는 현상이다. 주로 액체나 기체 물질에서 일어나며 액체보다는 기체에서의 확산 속도가 더 빠르다. 그래서 방귀

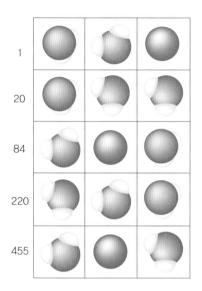

냄새는 그렇게 빨리 퍼져나가나 보다.

일상생활에서 흔히 볼 수 있어 당연하게 여겨지는 이 확산 현상은 사실 '엔트로피(무질서도)'라는 중요한 개념을 수학적으로 설명하는 과정을 가장 잘 보여준다. 왼쪽 그림은 빨간색 구(산소 원자)와 흰색 구(수소 원자)로 이루어진 물 분자 12개에 파란색 잉크 세 개를 떨어뜨렸을 때 잉크 분자가 배열되는 경우의 수를 나타낸 그림이다.

가장 윗줄에 잉크 세 개가 모여 있고 아래 부분에 모두 물 분자가 있을 때의 배열수는 1이고 위의 두 줄에 잉크가 확산되어 물과 섞이면서 배열되는 경우의 수는 20가지, 위의 세 줄로 확산되면 84가지, 네 줄로 확산되면 220가지, 그리고 용기 전체를 나타내는 다섯줄 모두로 확산되는 경우의 수는 455가지나 된다.

그렇다면 물에 잉크를 떨어뜨렸을 때 무조건 한 가지 경우의 수밖에 없는 전혀 섞이지 않는 현상(물론 잉크는 수용성이다!)과 총 455가지 중 하나의 경우의 수를 만족하면 되는 확산현상 중에서 과연 무엇이 더 일어나기 쉬울까? 이것이 바로 무질서도가 증가하는 이유이다.

엔트로피 증가의 법칙

이제부터 우리는 심오한 세계로 나아가야 한다. 열(thermo)과 동력 (dynamics)을 합한 단어인 열역학(thermodynamics)은 열과 힘을 주어서 힘의 방향으로 움직이는 역학적인 일의 상호 관계를 기본으로 열 전달 현상을 비롯해서 자연계 안에서 에너지의 흐름을 다루는 과학의 한 분야이다. 화학에서는 화학 반응에서 얻어지는 열과 일의 관계에 초점을 맞춘 화학 열역학(chemical thermodynamics)을 주로 연구한다.

한번쯤은 들어보았을 열역학 제1법칙은 '에너지 보존 법칙'으로 "우주에 존재하는 에너지의 총량은 일정하며, 에너지는 다른 형태로 변환되는 것이지 소멸되거나 생성되지 않는다." 높은 곳에서 떨어뜨린 공은 아래로 떨어지면서 위치 에너지는 줄어들지만 속도가 빨라지면서 운동 에너지는 증가한다. 이 두 에너지의 총합은 항상 일정하다는 이야기다.

우리가 확산현상과 연결하여 집중해야 할 열역학 제2법칙은 '엔트로피 증가의 법칙'으로 멋지게 표현하면 "고립계에서 총 엔트로피는 늘어나거나 일정할 뿐 절대로 줄어들지 않는다." 쉽게 이해하자면 자연계에서 자발적으로 일어나는 즉, 아무런 외부의 간섭 없이 가만히 두었을 때 스스로 일어나는 물질이나 에너지의 변화는 특정한 방향으로만 진행된다는 이야기다.

이 법칙은 집약되고 쓸 데 있는 에너지는 자발적으로 반드시 흩어지고 쓸데없는 에너지의 형태로 변한다는 것을 의미한다. 질서 있게 모여 있던 물질이라면 무질서하게 섞이는 형태의 물질로 변화한다.

일상생활에서 뜨거운 물 한 잔을 식탁 위에 두면 틀림없이 열이 공기 중으로 흩어져 물이 식어버린다. 이렇게 흩어진 열이 자발적으로 다시 모여서 뜨거운 물을 만들지는 않는다는 걸 우리는 경험으로 알고 있다. 물에 설탕을 넣으면 자발적으로 설탕이 물에 녹아서 용액이 되지만, 설탕물이 스스로 설탕과 물로 분리되는 일은 일어나지 않는다. 이런 분리 작업을 위해서는 또 다른 열을 가해서 물을 끓여야만 한다.

이렇게 다시 사용할 수 있는 상태로 돌릴 수 없는, 즉 쓸데없는(사용하기 어려운) 상태로 전환된 에너지(질량)의 양을 '엔트로피' 또는 '엔트로피 변화량'이라고 정의하고 흔히들 '무질서도'라고 이야기한다.

엔트로피 증가의 법칙은 결국 입자의 자발적인 운동은 경우의 수가 적은 질서 있는 상태로부터 경우의 수가 많은 무질서한 상태로 이동해간다는 자연 현상의 방향성으로 해석이 가능하다. 이 멋진 열역학 제2법칙이 과연 묽은 용액의 총괄성 중의 어느 원리를 설명할 수 있을까? 앞에서 이미 살펴본 증기 압력 내림, 끓는점 오름, 그리고 어는점 내림과 더불어 묽은 용액의 총괄성을 나타내는 '삼투현상'이 바로 그 해답이다.

딸기잼과 새우젓, 그리고 배추 절이기

삼투현상 또는 삼투압이라는 단어를 모르던 아주 예전부터 우리 조상들은 작은 생새우에 소금을 듬뿍 넣고 삭혀서 저장성과 풍미를 좋게 한 새우젓을 담가먹었고, 김치를 담그기 위해 배추를 소금에 절였다. 빵을 주식으로 하는 나라에서는 각종 과일을 설탕과 함께 푹 끓여서 상하지 않고 오래 저장할 수 있는 잼을 만드는 식문화가 오랫동안 이어져 오고 있다.

화학적인 이론은 모르지만 경험을 통해서 소금이나 설탕 같은 용질을 고농도로 섞으면 원래 물질에 들어 있던 수분이 빠져나가서 쪼글쪼글해지면서 저장성이 좋아진다는 사실을 바탕으로 만든 모든 음식은 삼투현상을 응용한 것이다. 이는 엔트로피 증가의 법칙을 적용한 사례가 된다.

보통 삼투현상을 설명할 때 '저농도 용액 또는 그냥 물과 고농도 용액을 반투막(용매는 통과시키고 용질은 통과시키지 못하는 막)으로 막았을 때 저농도 용액에서 고농도 용액으로 농도에 역행하여 물이 이동하는 현상'이라고 이야기한다. 저농도 용액은 상대적으로 용질이 적게 들어 있는 용액을 지칭한다. 반대로 용매인 물을 기준으로 생각해보면 우리가 '저농도 용액'이라고 분류한 용액은 사실 고농도라고 분류한 용액보다 물이 더 많은, 즉 물의 입장에서는 고농도의 용액이다.

그러므로 삼투현상도 물의 입장에서는 자발적으로 물의 양이 많은 쪽에서 적은 쪽으로 이동을 하는 일종의 '물(용매)의 확산현상'이라고 생각할 수 있다. 그리고 이 또한 경우의 수를 기반으로 한 엔트로피 증가의 법칙을 따른다.

물론 여기서 주목할 만한 사실은 물이 이동한 후에도 두 용액 사이의 농도 차이는 여전히 존재한다는 것이다. 왜 두 용액의 농도가 같아

155

질 때까지 계속해서 물이 이동하는 것이 아니라 어느 시점에 이르면 더 이상 물의 이동이 없이 그 상태를 유지하는 섯일까? 이를 설명하기 위해서는 모든 화학 반응은 반응물에서 생성물 쪽으로 변화하는 정반응과 생성물 쪽에서 반응물로 다시 돌아가는 역반응이 항상 같이 일어나고 두 반응의 속도가 같아질 때를 '평형 상태'라고 한다는 '화학 평형'의 이론을 적용해야 한다.

끓는점 오름과 마찬가지로 삼투압에서도 용액(설탕물) 쪽의 물 분자가 용매(물) 쪽으로 이동할 때는 반투막 표면에 있는 용질 입자들이 방해를 하게 된다. 만약 용매에서 용액으로 다섯 개의 물 분자가 넘어간다면 용액에서 용매 쪽으로는 세 개밖에 못 넘어오게 되어 결과적으로 용매에서 용액 쪽으로 두 개의 물 분자만 넘어가는 것처럼 보이는 것이다.

하지만 그 결과 용액 쪽의 높이가 높아지게 되고 높아진 높이만큼의 용액이 아랫부분으로 압력을 가하게 된다. 용액 쪽에서 용매 쪽으로 물 분자를 더 보낼 수 있게 되면 양쪽으로 보내고 받는 물 분자의 수가 다섯 개로 같아지는 '화학 평형'상태에 이르게 된다. 이때 높아진 높이를 원래대로 돌리기 위해 필요한 압력을 '삼투압'이라고 한다.

이런 삼투현상을 인간이 수학·과학적으로 해석하고 설명하기 훨씬 이전부터 자연계의 식물들은 삼투압을 이용하여 살아가고 있었다. 식물이 자라기 위해서는 광합성을 위한 이산화탄소와 물, 태양 에너지가 필요하다. 이산화탄소는 공기에서, 태양 에너지는 햇볕으로 해결이 되지만, 물은 어떤 방법으로 구하는 것일까? 물론 땅속의 뿌리로 흡수한

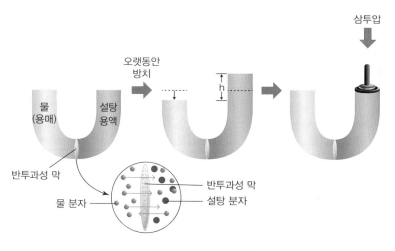

삼투압

오랫동안
방치

물
(용매)

설탕
용액

반투과성 막

물 분자

반투과성 막

설탕 분자

용액의 삼투현상과 삼투압

다고 모두 알고는 있지만, 땅속의 식물 뿌리는 대체 어떤 원리로 물을
흡수하는지에 대해서는 그다지 관심이 없다. 하지만 화학적으로 들여
다보면 이 또한 삼투현상의 응용이다.

사람들은 여기서 한발 더 나아가서 '역삼투압'을 이용한 기술을 개
발하였다. 삼투현상은 용매에서 용액으로 물이 이동하는 현상이고 이
때 나타나는 압력이 삼투압이다. 이 삼투압보다 더 큰 압력을 용액에
가해주면 오히려 용액에서 거꾸로 용매 쪽으로 물이 이동할 수 있게
된다는 원리를 이용하여 오염된 물이나 바닷물에서 깨끗한 물을 얻는
방법으로 사용하고 있나.

삼투압과 역삼투압

모든 건 용질의 수가 결정한다.

지금까지 살펴본 용액의 증기 압력 내림, 끓는점 오름, 어는점 내림, 그리고 삼투현상 이 모두는 용질의 종류와는 상관없이 오로지 용질 입자의 수와 상관이 있다는 공통점이 있다. 이 공통점을 우리는 '묽은 용액의 총괄성'이라고 정의한다. 즉 용액이 설탕물이든 포도당 물이든 상관없이 용액의 총괄성으로 묶인 네 가지 특징은 용질 입자의 수만 같으면(농도가 같다면) 똑같은 정도로 일어난다는 원리다.

특정 농도의 설탕물이 105℃에서 끓는다면 같은 농도를 가진 포도당 물도 반드시 105℃에서 끓는다는 것을 알려준다. 물론 용질이 소금(염화나트륨) 같은 전해질이라면 완전히 이온화된 후의 모든 입자의 수를 고려해야 한다. 만약 설탕과 소금을 각각 같은 개수만큼 넣은 용액이라면 설탕은 이온으로 쪼개지지 않고 소금만 두 개의 이온(Na^+와 Cl^-)으로 쪼개진다. 최종적으로 나타나는 용액의 총괄성 정도는 소금물이 설탕물의 두 배가 된다.

엔트로피를 설명하는 과정에서 알 수 있듯이 화학 현상이나 원리를 설명하거나 증명할 때에도 수학적으로 뒷받침하는 과정이 매우 중요하다. 엔트로피의 경우 어렴풋하게 무질서도라고 알고 있는 어려운 개념이었지만, 수학적으로 결국 경우의 수를 고려한 확률 문제라는 것을 인식하게 되면 계산하기도 이해하기도 훨씬 쉽다. 무엇보다 예측이 가능해져서 공학적으로 적용할 수 있다.

화학을 단순하게 원소 기호나 화학식, 많은 법칙을 외워야 하는 과목으로 오해했다면 이 글을 통해서 조금이라도 그 오해가 풀렸으면 하는 바람을 가져본다.

10

방사능, 방사성, 방사선?

방사능에 대한 공포와 우라늄, 그리고 라돈

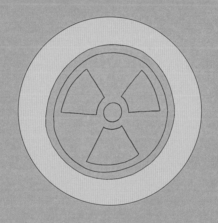

딸기가 썩지 않는 이유

겨울부터 이른 봄까지 맛볼 수 있는 딸기는 내가 어렸을 때만 해도 봄에서 초여름까지 잠시 먹을 수 있는 과일이었다. 부드럽고 달콤한 맛이 일품이지만, 쉽게 잘 무르고 상해버려 거의 수입이 불가능한 과일이다. 딸기의 유통이나 수출입에서 가장 문제가 되는 것은 역시 짧은 유통기한이다.

하지만 이런 딸기도 방사선의 일종인 감마선을 쬐어서 부패를 일으키는 미생물을 처리하면 유통기한이 비약적으로 늘어나게 된다. 물론 감마선을 쬔 딸기는 오직 방사선의 수용체로만 작용하기 때문에 방사선을 방출하는 일은 없이 안전하다.

지구에 사는 우리가 살아가면서 만나게 되는 방사선 중 태양으로부터 오는 방사선을 제외한 거의 모든 방사선은 화학적으로 '방사성 원

10. 방사능, 방사성, 방사선?

소'라고 명명되는 원소에 의해 발생한다. 딸기의 부패를 막는 감마선 역시 방사선의 일종이다. 지금부터 방사선, 방사능, 그리고 방사성 원소가 무엇인지, 다른 화학 원소와 왜 다른 작용을 하는지를 알아보기로 하자.

힘의 불균형: 쿨롱의 힘 vs 강한 핵력

'방사능(radioactivity)'이란 입자나 전자기파의 형태로 에너지를 방출하는 물질의 성질 또는 능력을 뜻한다. 넓게 보면 방사능을 가진 물질을 방사성 물질(radioactive substance)이라고 하지만, 화학적으로는 주로 방사능을 나타내는 원소를 특정하여 이야기하는 경우가 많기 때문에 '방사성 원소(radioactive element)'라는 용어를 자주 사용한다.

방사성 원소란 불안정한 원자핵을 가져서 핵변환(주로 핵분열)이 가능한 원소를 말한다. 그리고 이런 방사성을 가진 물질이나 원소에서 방출되는 에너지가 매우 큰 입자나 전자기파를 '방사선(radioactive ray)'이라고 부른다. 주기율표를 보면 원자번호 84번 이후의 원소에는 방사성을 뜻하는 기호 ☢가 붙어 있다.

그렇다면 왜 하필 콕 찍어서 84번 이후의 모든 원소에서 방사능이 나타나는 것일까? 그 답은 화학 전체를 관통하는 가장 중요한 힘인 정전기력과 현대 물리학에서 중요한 힘인 강한 핵력 간의 다툼에 의한 결과라고 할 수 있다.

전하를 띤 입자 사이에 작용하는 정전기력(쿨롱의 힘)은 다음의 식처럼 같은 부호 전하끼리는 서로 밀어내고 다른 부호 전하끼리는 서로

우리 집에 화학자가 산다

잡아당기는 힘이다. 두 입자 간 거리의 제곱에 반비례하고 두 전하의 절댓값의 곱에는 비례한다. 쿨롱의 힘이 작은 전하량에서도 크게 나타나는 이유는 진공에서 90억에 가까운 비례상수 k를 갖기 때문이다.

정전기력: $F = k \dfrac{q_1 \cdot q_2}{r^2}$ $(k = 9 \times 10^9 N \cdot m^2 / C^2)$

만유인력: $F = G \dfrac{M \cdot m}{r^2}$ $(G = 6.67 \times 10^{-11} N \cdot m^2 / kg^2)$

쿨롱의 법칙과 거의 비슷한 형태로 나타나는 만유인력은 질량을 가진 두 입자 사이 거리의 제곱에 반비례하고, 질량의 곱에 비례한다. 하지만 비례상수 G가 아주 작은 값이라서 한쪽 물체의 질량이 지구나 달 정도는 되어야만 당겨지는 힘이 실제로 나타난다. (만약, 만유인력 상수가 쿨롱의 힘 상수와 비슷하다면 나와 내 주변의 모든 사람들은 만나기만 하면 다 닥다닥 붙게 될 것이다!)

모든 원자의 구성 요소인 원자핵을 쿨롱의 힘을 알고 나서 다시 한 번 살펴보면, 이해할 수 없는 상황이 보일 것이다. 보통의 원자는 원자 하나의 크기를 야구장이라고 생각할 때 원자핵은 단지 완두콩만한 크기나. 원사번호 6번, 즉 양성사가 여섯 개인 탄소 원사를 예로 든다면, 야구장만한 전자구름 속에 (+)전하를 띤 완두콩 크기의 원자핵이 가운데 박혀 있는 상황이다.

원자핵 속의 양성자 여섯 개는 서로 90억의 상수를 가진 정전기력으로 밀어내고 있다. 그럼에도 불구하고 탄소 원자핵은 일반적으로 깨지지 않고 유지되기 때문에 탄소 원자가 존재하는 것이니 이해하기 어려울 수밖에 없다. 이렇게 서로 죽어라 밀어내는 90억의 반발력을 이기고 원자핵을 유지시켜 주는 힘을 '강한 핵력'이라고 부른다.

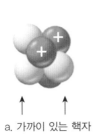
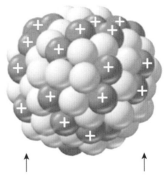

a. 가까이 있는 핵자　　　　　　　　b. 멀리 떨어져 있는 핵자

핵자는 원자핵을 구성하는 기본 입자이다. 작은 원자핵에 있는 핵자들은 거리가 가까워서 강한 핵력이 정전기력을 이기지만, 원자번호가 큰 원자의 핵에서 반대쪽에 있는 핵자들은 거리가 멀어서 정전기력이 강한 핵력을 이기게 된다.

보통 양성자 간 반발력을 이기고 원자핵을 강하게 붙드는 힘을 의미하는 강한 핵력은 원자핵처럼 극단적으로 짧은 거리에서만 작용이 가능하다. 이 강한 핵력이 정전기력을 이기기 때문에 다양한 양성자 수를 가진 많은 원소가 자연계에서 안정하게 존재할 수 있다. 원자핵을 구성하는 두 종류의 입자 중에서 양성자는 강한 핵력과 정전기적 반발력을 모두 나타내지만, 중성자는 전하가 없어서 강한 핵력만을 나타내므로 핵시멘트라는 이름으로도 불린다.

하지만 원자번호가 84번 이상이 되면 강한 핵력이 작용하는 극단적으로 짧은 거리가 유지되기 어려워진다. 그래서 중성자 수가 충분히 많은 원자가 아니라면 정전기적 반발력에 의해서 원자핵이 쪼개지게 된다. 물론 원자번호가 84보다 작은 원소들도 안정한 원소에 비해 중성자 수가 작아서 방사능을 띨 수 있는, 즉 원자핵이 불안정한 동위원소가 존재한다.

그럼 이렇게 정전기력이 강한 핵력을 이기는 원자번호 84번 이상 원소의 원자핵이 분열되면 무슨 일이 일어나기에 이들을 방사성 원소라고 부르는 것일까?

$E = mc^2$

위대한 물리학자 알베르트 아인슈타인(Albert Einstein)의 상대성 이론을 우리가 이해하기란 매우 힘들다. 아인슈타인의 특수 상대성 이론의 결론 중에서 방사성 원소의 원자핵이 분열되면서 방출하는 방사선의 세기를 대략적으로나마 이해하는 데에는 단 하나의 식($E = mc^2$)이 사용된다. 질량-에너지 등가식이라고 널리 알려져 있는, 심지어 공부하는 데 집중력을 높여준다는 학습 보조기구의 이름으로도 사용되는 '엠씨스퀘어(mc^2)'는 에너지는 질량으로 또는 질량은 에너지로 변환될 수 있다는 위대한 의미를 갖고 있다.

방사성 우라늄 원자가 핵분열하는 과정을 생각해보자. 원자핵에 양성자가 92개, 중성자가 143개 있는 질량수 235인 방사성 우라늄은 중성자가 146개로 질량수 238인 일반 우라늄 원자에 비해서 핵시멘트 역할을 하는 중성자가 부족하다. 스스로도 핵분열이 가능하지만, 열중성자로 충격을 주게 되면 핵반응이 더욱 잘 일어나게 된다.

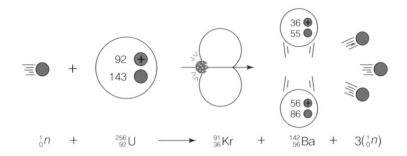

$$_0^1 n \; + \; _{92}^{256}U \; \longrightarrow \; _{36}^{91}Kr \; + \; _{56}^{142}Ba \; + \; 3(_0^1 n)$$

방사성 우라늄 원자를 중성자로 충격하면 핵분열 반응이 일어나서 크립톤 원자와 바륨 원자 그리고 또 다른 고에너지의 중성자 세 개로 나누어진다.

이때 핵반응을 하기 전 물질의 질량보다 핵반응을 한 이후 물질의 질량이 더 작다. 없어진 질량에 빛의 속도를 제곱한 것을 곱한 값만큼의 어마어마한 에너지가 고에너지 입자와 전자기파의 형태로 방출되는 것이 방사선의 본질이다. 방사성 원소 1g을 완전히 전기 에너지로 변환한다면 100W 전구를 2800만 년 동안 켤 수 있는 에너지가 발생한다.

물론 원자핵이 항상 분열만 되는 것은 아니다. 태양의 경우처럼 두

우리 집에 화학자가 산다

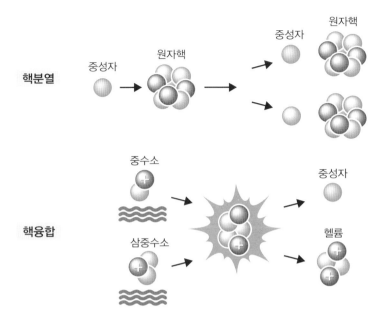

개의 수소 원자핵이 한 개의 헬륨 원자핵으로 합쳐지는 과정에서 핵 전체의 질량이 줄어들게 되고 이 질량 결손량에 빛의 속도를 제곱한 값만큼의 에너지가 방출되는 핵융합 반응도 있다. 핵융합이 가능하려면 원자핵 사이의 정전기적 반발력을 극복할 수 있는 아주 높은 속도로 원자핵들이 충돌해야 한다.

이런 높은 속도를 이루기 위해 초고온으로 이루어지는 열핵융합 반응이 태양의 에너지원이자 에너지 방출원으로 가시광선, 직외선, 자외선, 그리고 여러 종류의 자연 방사선의 형태로 지구로 복사되어 지구 생명체를 존재하게 하는 궁극적인 에너지원이 된다. 실제로 태양에서는 매초 6억 5700만 톤의 수소가 6억 5300만 톤의 헬륨으로 변환되고 있는데, 헬륨 원자 하나가 생성될 때 발생하는 에너지는 석탄 연소열의 약 100만 배 정도이다.

방사선의 종류와 투과력

우리가 아는 적외선, 가시광선, 자외선, 전파 같은 에너지를 가진 입자선이나 전자기파 대부분은 방사선의 범위에 포함된다. 인체에 직접적으로 전리(이온화)를 일으키지 않는, 즉 분자나 세포에 해를 주거나 파괴하지 않는 방사선을 '비전리 방사선'이라고 하는데, 일반적으로 위험하고 피해야 한다고 생각하는 '방사선'에는 포함시키지 않는다.

보통 방사선이라고 하면 방사성 원소가 더 안정한 원소로 붕괴될 때 방출되는 알파(α)선, 베타(β)선, 감마(γ)선과 엑스(X)선 등의 '전리 방사선(전자기파 또는 입자선 중에서 공기를 전리하는 능력을 가진 것)'을 의미한다. 전리 방사선은 생명체에 도달했을 때 에너지를 전달해 물리적인 구조를 무너뜨리고 화학적인 성질을 변화시킨 후 생체의 기능을 저해하는 특성을 가진다.

전리 방사선 중 '알파선'은 헬륨 원자핵으로 +2 전하를 띠고, 수소 원자 네 배의 질량을 가지며, 투과력이 거의 없어 종이나 옷감으로도 막을 수 있다. 또한 방출된 후 매우 짧은 시간 안에 헬륨 원자로 변환되는 특성이 있다. '베타선'은 전자로 −1 전하를 띠고, 가벼워서 알파선에 비해 자기장에서 덜 휘어지며 알루미늄으로도 막을 수 있다. 그러나 '감마선'은 입자선이 아닌 전자기파로 전하를 띠지 않아서 자기장에서 휘어지지 않는다. 에너지가 크고 투과력이 커서 두꺼운 납판으로 막을 수 있다.

뼈의 이상을 알아보기 위해서 의료용으로 널리 사용되는 '엑스선'의 경우, 감마선과 같은 전자기파로 발생 근원이 다를 뿐 특징은 거의 같다. 차이가 있다면 감마선은 원자핵의 변환으로 발생하는 전자기파이므로 원소의 종류에 따라 에너지가 정해지지만, 엑스선은 전자의 충돌이나 궤도 간의 에너지 준위 차이에서 발생하는 전자기파로 일반적으로 다양한 크기의 에너지를 가진다는 점이다.

그렇다면 세포의 구조나 기능, DNA의 구조에 영향을 줄 수 있는 전리 방사선을 방출하는 세 종류의 원소가 있다고 생각해보자. A원소는 오직 알파선만을, B원소는 베타선만을 그리고 C원소는 감마선만을 방출하는 상황에서 하나는 손에 쥐고 갈 수 있으며, 또 다른 하나는 가방에 넣어서 갈 수 있고, 나머지 하나는 버릴 수 있다고 할 때 여러분은 어떤 선택을 하겠는가?

투과력을 고려한다면 반드시 버리고 가야 하는 것은 C(감마선), 가방에 넣어서 갈 수 있는 것은 B(베타선), 그리고 손에 쥐고 가는 것은 A(알파선)이다.

이렇게 살펴보면 알파선이 가장 만만하게 느껴질 수 있지만, 만약 이런 방사성 원소가 몸속으로 들어갔다면 어떨까? 투과력이 약한 알파선은 생체 파괴력이 감마선보다 훨씬 세지만, 종이나 옷감도 통과

하지 못하는데 몸 밖으로 투과되어 나올 수 없을 것이다. 그 큰 에너지를 고스란히 몸이 삼낭해야 하므로 매우 위험한 원소가 된다. 반대로 투과력이 큰 감마선은 납으로 된 두꺼운 옷이나 보호 장구를 착용하면 항상 괜찮을까? 물론 방사선이 납판을 투과하지는 못하겠지만, 에너지를 전달할 수는 있으므로 장시간 노출된다면 전달된 에너지에 의해 납판이 녹는 일이 발생하게 될 것이다.

반감기가 짧은 원소가 더 안전할까?

방사성 원소가 가진 또 하나의 중요한 화학적 특성으로는 '반감기(half-life)'가 있다. 반감기란 방사성 원소의 양이 초기 양의 반으로 줄어드는 데 필요한 시간을 말한다. 원소의 종류에 따라 반감기가 매우 다양하므로 용도에 따라 적합과 부적합을 판단한다. 반감기가 n번 지난 방사성 원소는 초기량의 $1/2^n$ 만큼만 남아 있게 되는데, 예를 들어 반감기가 1620년인 라듐-226(^{226}Ra)은 반감기가 두 번 지난 3240년 후에 처음 양의 4분의 1만 남아 있게 된다.

그럼 반감기가 긴 원소는 위험하고, 짧은 원소는 안전한 걸까? 일반적으로 반감기가 긴 원소는 장기간에 거쳐 일정 농도 이상이 남아 있으므로 장기간 피폭되어 위험하다고 생각한다. 물론 틀린 생각은 아니지만, 반감기가 짧다는 이야기는 곧 그만큼 짧은 시간에 집중적으로 방사선이 나온다는 뜻이므로 이 또한 위험도가 낮다고 볼 수 없다.

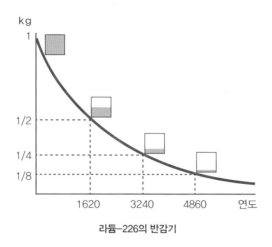

라듐-226의 반감기

현재 방사성 원소가 사용되는 분야는 다양하나 크게 추적용 물질과 방사선의 원천으로 사용하는 경우로 구분할 수 있다. 추적용 물질로 사용하는 방사성 동위원소는 일반 원소와 화학적·생물학적으로 동일하게 반응하므로 방사능을 띤 원소를 추적하면 이 원소가 어떤 물질과 화학 반응을 하여 어디로 이동하는지를 알 수 있다. 이러한 원리를 가지고 의학계에서는 혈관 조영술과 같은 진단 및 치료 과정에 이용하고 있다. 또한 누수 탐지와 기계의 마모 속도 측정, 오염물질의 이동 경로 추적, 강물이나 지하수의 흐름을 측정하는 데에도 사용된다.

방사선의 원천으로 사용하는 경우에는 원자력 발전이나 원자폭탄 제조, 방사선을 쐬어서 식품을 살균하거나 감자나 곡물 등의 싹이 나지 않도록 할 때 아니면 유전자를 변형시켜 병충해에 강한 종자를 개량할 때, 해충을 죽이거나 PET 스캔처럼 의료용 단층 촬영을 하거나

동위원소	이름	반감기	용도
^{11}C	탄소-11	20.39m	뇌주사(腦走査) 사진
^{51}Cr	크로뮴-51	27.8d	혈액 부피 측정
^{57}Co	코발트-57	270d	비타민 흡수량 측정
^{60}Co	코발트-60	5.271y	방사선 암 치료
^{131}I	아이오딘-131	8.040d	갑상선 치료
^{192}Ir	이리듐-192	74d	유방암 치료
^{59}Fe	철-59	44.496d	빈혈 감지
^{32}P	인-32	14.3d	피부암 또는 안구암 감지
^{238}Pu	플루토늄-238	86y	맥박 조정기의 힘 조절
^{226}Ra	라듐-226	1,600y	방사선 암 치료
^{75}Se	셀레늄-75	120d	이자 검사
^{24}Na	나트륨-24	14.659h	혈류 장애 검사
^{201}Tl	탈륨-201	73h	걷는 운동 기구와 함께 심장 문제 감지
^{3}H	삼중수소	12.32y	신체 내 총 물질의 양 측정
^{133}Xe	제논-133	5.27d	폐 조영

*y: 년, d: 일, h: 시간, m: 분

감마나이프 수술처럼 병변을 제거하는 과정에 사용한다. 여기서 사용되는 방사성 원소의 종류는 방출되는 방사선의 특징과 원소의 반감기에 따라 달라져야 할 것이다.

우라늄 농축

　사실 방사성 원소 적용 분야 중 가장 많은 사용량을 차지하는 것은 원자력 발전이다. 원자력 발전과 원자폭탄 제조에도 사용되는 방사성 원소는 우라늄으로, 그중에서도 질량수가 235인 ^{235}U이다. 이는 안정한 우라늄(^{238}U)에 비해서 중성자 수가 적어서 원자핵이 불안정하다. 문제는 자연계에 존재하는 우라늄 140개 중에서 한 개만이 ^{235}U라는데 있다. 원자력 발전이나 원자폭탄을 만들기 위해서는 방사성 우라늄을 일정 비율 이상으로 농축해야만 한다.

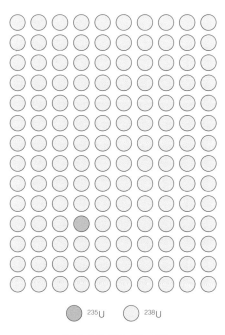

^{235}U　　　○ ^{238}U

자연계에 존재하는 ^{235}U 비율

단지 질량에서만 약간 차이나는 광석 상태의 우라늄을 분리하여 농축하기란 매우 어렵다. 그렇기 때문에 가장 많이 알려진 간단한 이론으로 농축하는 과정이 바로 전기 음성도가 가장 커서 반응성이 제일 좋은 플루오린(F) 원자 여섯 개를 우라늄 원자 한 개와 결합시켜 UF_6 기체 분자를 만들고, 이 기체($^{235}UF_6$와 $^{238}UF_6$의 혼합물)를 날려서 두 종류의 UF_6 중에서 분자량이 조금이라도 작은 기체가 먼저 확산되는 '그레이엄의 확산 법칙'을 적용해 먼저 날아간 기체끼리 모으고 또 날리는 과정을 반복한다. 이런 방식으로 방사성 우라늄의 양을 모으는 것이 전통적인 우라늄 농축 과정이다.

방사능은 자연적인 현상이다

지구상에 생명체를 존재할 수 있도록 하는 태양 에너지의 근원은 핵융합 반응이고, 모든 생명체는 태양에서 오는 다양한 방사선에 노출되어 살아간다. 우리가 위험하고 무섭다고만 생각했던 방사선은 사실 우리 삶의 모든 순간에 함께하고 있다. 고도가 높을수록 태양과의 거리가 가까워지고 방사선을 막아주는 대기가 희박해진다. 만약 휴가철에 장거리를 오가는 비행기를 타게 된다면 평소보다 당신이 맞는 방사선의 양이 증가하게 될 것이다.

지면으로 눈을 돌려보면 지구 방사선의 원천이 되는 방사성 원소 라돈-222(^{222}Rn)이 도처에 분포한다. 우라늄에서 생기는 비활성 기체 중에서 가장 무거운 원소인 라돈은 저지대의 모든 암석, 토양, 물에서 발견된다. 그중 우리와 가장 접촉하기 쉬운 형태는 낮은 곳에 축적되는 무거운 기체 형태로 가장 불가사의한 실내 오염물질로 꼽힌다.

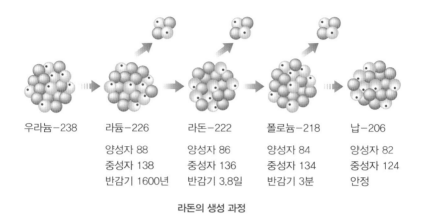

우라늄-238	라듐-226	라돈-222	폴로늄-218	납-206
	양성자 88	양성자 86	양성자 84	양성자 82
	중성자 138	중성자 136	중성자 134	중성자 124
	반감기 1600년	반감기 3.8일	반감기 3분	안정

라돈의 생성 과정

미국 국립 암 연구소에 따르면, 매년 라돈으로 인해 약 1만 5000명 정도의 암 사망자가 발생한다고 한다. 라돈은 반감기 3.8일로 알파선을 내놓으며 붕괴된다. 좋은 단열재를 사용하고 창과 문틈을 막아서 보온과 냉방 효과를 올리는 요즘 같은 생활환경에서 주기적인 환기를 하지 않는다면, 라돈이 실내에 머무르는 시간은 더욱 길어지게 될 것이다.

하지만 미세먼지와 황사가 나타나는 날 과연 환기를 하는 것이 옳은지 딜레마에 빠지게 된다. 아이와 연로하신 부모님을 모시는 나는 미세먼지와 황사가 아주 심한 하루이틀 정도를 제외한 모든 날마다 아침저녁으로 반드시 환기를 시킨다. 미세먼지로 DNA의 변이가 일어나는 경우는 거의 없겠지만, 방사성 원소는 강력한 에너지로 DNA 변이를 일으킬 수 있다. 이는 곧 암의 발병률이 높아질 수 있나는 것을 의미하므로 더 경계하고 조심해야 할 부분이라고 생각한다. 학생들을 가르치는 선생으로서도 항상 강의실 창과 문을 열어서 5분 이상 환기시키기를 당부하는 편이다. 방사능은 사람을 살릴 수도 아프게 할 수도 있으니 현명하게 선택하고 실천하는 것이 우리가 할 수 있는 최선이라고 믿기 때문이다.

11

바를까, 말까? 자외선 차단제

자외선 차단의 모든 것

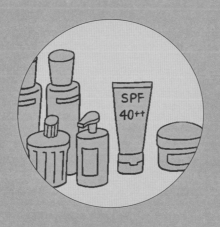

자외선에도 종류가 있다

최근 몇 년 동안 정말 더워도 너무 더운 여름이 계속되고 있다. 가만히 있어도 땀이 줄줄 흐르고, 뉴스에서는 기상 관측 이래 여름 최고 기온을 갱신했다는 소식이 들려온다. 이런 엄청난 더위를 온몸으로 견디기보다는 어디론가 피하러 나가야 할 것만 같다.

여름철 외출 시 챙겨야 할 것 중에서 자외선 차단제를 빼놓을 수 없다. 여러 가지 효능을 앞세운 화장품 중 유일하게 그 효과가 과학적으로 입증되었다는 자외선 차단제는 무엇이며, 어떻게 자외선으로부터 우리를 보호하는 걸까?

태양에서 지구로 들어오는 자외선(Ultra Violet)은 그 파장에 따라서 자외선 A(파장 320nm~400nm), 자외선 B(파장 280~320nm), 자외선 C(파장 100nm~280nm) 이렇게 세 종류로 나뉜다. 파장이 제일 짧아 에너지가

11. 바를까, 말까? 자외선 차단제

가장 큰 자외선 C는 다행스럽게도 성층권의 오존층에서 거의 모두 차단된다.

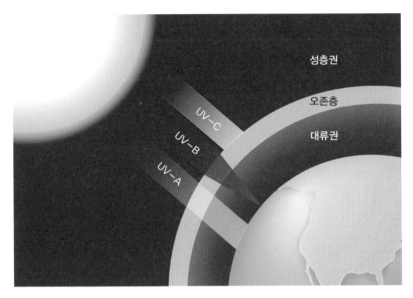

태양에서 지구까지 자외선의 도달 정도

　자외선 A(이하 UVA)는 자외선 중에 파장이 가장 길고 에너지가 작다. 그래도 태양빛 중에서는 에너지가 커서 피부 깊숙이 침투하여 표피 세포에서는 검버섯, 기미, 주근깨 등을 만들거나 피부를 구릿빛으로 만드는 색소 침착 반응을 일으킨다. 진피층에서는 콜라겐을 파괴해 피부 탄력을 감소시키고 주름을 형성하는 등 노화의 주범이 된다. 자외선 A의 가장 큰 문제점은 파장이 길어서 구름이 가리거나 창을

우리 집에 화학자가 산다

달더라도 효과적으로 차단이 되지 않는다는 것이다. 모든 계절에 날씨와 상관없이 낮 시간 동안 계속 영향을 줄 수 있다.

자외선 B(이하 UVB)는 여름에 가장 문제가 되는 자외선으로 파장이 짧아 구름이나 유리창에도 차단된다. 진피층까지는 도달하지 못하지만, 에너지가 UVA보다 훨씬 크다. 표피 세포에 도달했을 때 피부가 빨갛게 되는 일광 화상과 피부 손상, 물집, 백내장, 심한 경우 피부암을 일으키는 직접적인 원인이 된다. 워터파크나 바닷가에서 놀고 난 다음 얼굴이 빨개지면 따끔거리고 화끈거리는 증상, 즉 우리가 '햇볕에 탔다.'라고 얘기하는 증상은 대부분 UVB 때문이라고 생각하면 된다.

자외선 C(이하 UVC)는 에너지가 크기 때문에 눈의 각막을 상하게 하고 화상이나 염색체의 돌연변이를 일으켜 피부암의 원인이 될 가능성이 높다. 오존층이 많이 파괴되어 오존홀이 커질 경우에는 자외선 C가 우리에게 심각한 위협이 될 수 있다.

최근에는 자외선보다 파장이 긴 가시광선 중 파장이 380nm~430nm인 청색광(blue light)이 색소 침착을 유발하여 피부에 유해하기 때문에 이를 차단해야 한다는 이야기도 나오고 있지만, 아직 피부 유해성이 제대로 밝혀지지 않았다. 그렇기 때문에 현재 우리가 사용하는 자외선 차단제는 주로 UVA와 UVB를 대상으로 한다.(가시광선이란 우리가 눈으로 볼 수 있는 태양빛을 프리즘으로 통과시키면 나오는 빨수노조파남보 무시개색의 빛을 말한다.)

자외선은 왜 문제일까?

자외선이 문제가 되는 이유는 기미, 주근깨, 주름살, 일광 화상 등 우리에게 직접적인 해로움을 주기 때문이기도 하지만, 무엇보다 피부 세포의 DNA를 변형시켜서 돌연변이 세포를 만들 수 있다는 가능성 때문이다. 사람의 모든 세포의 핵에는 유전 정보를 담고 있는 이중 나선 구조의 DNA가 있다.

'DNA 염기'라는 이야기는 학창 시절 과학을 공부한 사람이라면 한 번 정도는 들어 봤을 것이다. 말 그대로 산과 염기를 이야기할 때 그 '염기'이다. 우리가 약한 염기성을 띠는 물질로 알고 있는 암모니아(NH_3)는 질소가 가진 비공유 전자쌍에 산의 성질을 나타내는 수소 이온 H^+가 붙을 수 있기 때문에 염기가 된다. 따라서 질소가 포함된 탄소 화합물 대부분은 비공유 전자쌍이 있는 질소가 수소 이온을 받아들일 수 있으므로 암모니아와 비슷한 염기성을 가진 약한 염기라고 생각하면 된다. DNA 염기 구조에서 확인할 수 있는 질소가 포함된 탄소 화합물인 아데닌(Adenine), 구아닌(Guanine), 사이토신(Cytosine), 타이민(Thymine)은 모두 염기성 물질이다.

DNA 염기 중 아데닌과 타이민 사이에는 두 개의 결합, 구아닌과 사이토신 사이에는 세 개의 결합이 확인되는데, 이 결합이 화학에서 너무나 중요한 분자 간의 힘 중 하나인 '수소 결합'이다. 두 분자 사이의 인력을 이야기하는 용어에 '결합'이라는 단어가 들어가서 의아할 수도 있지만, 분자 사이에 서로를 잡아당기는 힘이라고만 생각하기에는 그 강도가 매우 커서 '수소 결합'이라고 부른다.

화학에서 수소 결합을 중요하게 생각하는 이유는 생명체의 대부분을 구성하는 '물'이 가지는 비정상적인 비열(물질 1g의 온도를 1℃ 높이는데 필요한 열량)과 높은 증발열(액체 1몰을 끓는점에서 기체로 만들 때 필요한 열량), 그리고 분자량이 비슷한 다른 물질과는 비교도 안 될 만큼 높은 끓는점 같은 특이한 현상의 원인이 되기 때문이다. 이러한 물의 특성 때문에 사람의 체온은 요즘처럼 심한 폭염이나 겨울의 매서운 한파에도 일정한 온도를 유지할 수 있으며, 지구의 온도 역시 일정하게 유지되어 생명체가 살아가기 적합한 환경이 된다.

이런 수소 결합이 가능하기 위해서는 일단 한쪽 분자에는 전기 음성도가 가장 큰 원자들인 플루오린, 산소, 질소와 직접 결합한 수소 원자가 있어야 하고, 다른 분자에는 플루오린, 산소, 질소 원자만 있으면 된다. 그렇게 되면 전기 음성도가 큰 원자랑 결합한 수소 원자는 가진 전자를 거의 빼앗긴 상태로 강한 (+)를 띠게 되고 상대 분자의 전기 음성도가 큰 원자들이 가진 강한 (−)와 쎈 정전기적 힘으로 서로 잡아당기게 되는데 이때의 힘이 분자들끼리 잡아당긴다고 보기엔 너무 큰 힘이라고 '결합'이라고 부르는 것이다.

이런 강력한 수소 결합을 염기의 종류에 따라서 두세 개씩 하면서 연결되어 있는 DNA의 이중 나선 구조도 자외선을 만나면 상황이 달라진다. 자외선이 가진 강력한 에너지는 원자 간의 화학 결합을 끊을 수 있을 정도인데, 하물며 DNA 염기가 하고 있는 수소 결합은 원자 간의 결합력보다 더 쉽게 끊을 수 있다. DNA 염기 간의 결합이 끊어졌다가 다시 연결되는 과정에서 원래의 유전 정보와는 다른 돌연변이 세포가 나타날 수 있다. 이런 돌연변이 세포 중에서 피부에 나타나기 가장 쉬운 섯이 흑색송을 비롯한 피부암 세포들이기 때문에 자외선은 큰 문제가 될 수 있다.

자외선 차단 지수: SPF와 PA

자외선 차단제를 구매할 때 무엇을 가장 먼저 살필까? 일반적으로는 SPF라는 숫자를 먼저 확인한다. 숫자가 높을수록 구매할 가능성은 더 커지게 된다. 예전에는 SPF만 살폈지만, 요즘은 PA라는 표기도 함께 붙어 있다. PA는 숫자가 아닌 +로만 표시되어 있어서 무엇인지 살펴보기가 더 어렵다.

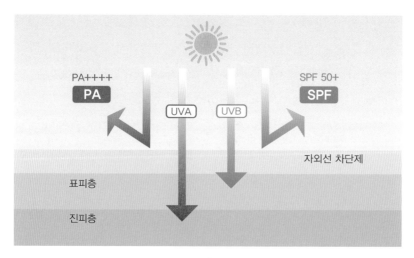

SPF와 PA

우리 집에 화학자가 산다

이런 경우 SPF 지수는 크고, PA는 +가 많은 게 더 비싸니까 좋을 거라는 마음으로 제품을 집어드는 경우가 많다. 전성분을 확인하긴 하지만 깨알 같은 글씨로 너무 많이 적혀 있는 성분 이름은 보기만 해도 짜증이 나는 게 사실이다. 결국 적당한 가격의 제품이나 입소문 또는 판매원이 좋다고 하는 것을 선택하게 된다.

SPF(Sun Protection Factor)란 자외선 중 UVB를 차단해주는 정도를 나타내는 지수를 말한다. UVB를 쬐었을 때 가장 대표적으로 나타나는 증상은 피부에 빨간 부분(홍반)이 나타나는 것인데 이 홍반이 나타나는 자외선의 양(또는 시간)을 기준으로 자외선 차단 효과를 나타낸 지수가 SPF이다. SPF를 식으로 살펴보면 다음과 같다.

$$SPF = \frac{\text{자외선 차단제를 바른 피부의 MED}}{\text{자외선 차단제를 안 바른 피부의 MED}}$$

여기서 MED는 Minimal Erythma Dosage의 머리글자를 딴 것으로 홍반을 일으키는 최소 자외선 양(또는 시간)을 의미한다. SPF가 1이라는 것은 자외선 차단 효과가 전혀 없다는 뜻이다. SPF가 2라는 건 자외선 차단제를 바르지 않고 햇빛에 10분 노출되었을 때 홍반이 생겼다면, 자외선 차단제를 바른 뒤에는 햇빛에 20분 노출 되었을 때 홍반이 생겼다는 의미다. 즉 홍반이 생기는 시간을 두 배로 늘렸다는, 다른 의미로는 같은 시간 동안 피부에 실제로 도달하는 자외선의 양이 약반(50%)으로 줄었다는 것이다.

햇빛을 쬐있을 때 안선한 시간을 얼마나 늘려주는지를 나타내는 지수였던 SPF를 요즘은 자외선을 얼마만큼 차단하는가로 설명하는 경우가 많아졌다. 그러므로 SPF 15인 제품은 도달하는 자외선의 1/15만 피부에 직접 들어오고 나머지는 모두 차단했다고 이해하면 된다.

따라서 SPF가 50인 자외선 차단제는 자외선의 약 1/50만 실제로 피부에 닿으므로 약 98%의 차단율을 나타내고, SPF가 100인 자외선 차단제는 약 1/100만 피부에 닿아서 약 99%의 차단율을 나타낸다. 두 제품은 거의 효과가 비슷하다고 할 수 있지만, SPF 지수를 높이기 위해 들어가는 화학 성분을 생각해보면 사실 숫자가 마냥 높은 것만이 좋은 것은 아니다.

일상생활에는 SPF 지수가 15정도만 되어도 별 문제가 없다. 여름철 물놀이 등을 위해서는 SPF 지수가 높은 것이 좋지만, 높은 기온과 습도를 특징으로 하는 우리나라의 여름 날씨를 고려해보면 두 시간 정도가 지나면 바른 자외선 차단제가 대부분 지워질 수 있다. 적당한 지수의 차단제를 자주 덧바르는 편이 더 좋을 것이다.

PA(Protection Factor/Grade of UVA)란 자외선 중 UVA를 차단하는 정도를 나타내는 지표이다. SPF와 거의 같은 방식으로 UVA에 의한 색소 침착(태닝) 정도를 측정해 UVA를 차단하는 정도를 나타낸 PPD(Persistent Pigment Darkening) 지수가 기본이지만, 소비자용으로 간략하게 나타낸 PA 지표를 사용하기도 한다. 주로 +기호로 되어 있으며

+기호가 한 개씩 늘어날 때마다 차단력이 두 배 정도 늘어난다고 보면 된다.

예를 들어, +면 피부에 도달하는 UVA가 1/2, ++면 1/4, 그리고 +++면 1/8이다. 오존층 파괴와 지구온난화 등의 이상 현상으로 지표에 도달하는 UVA의 양이 늘어나게 되면서 2012년 말부터 ++++를 사용하게 되었다. 우리나라에서 이를 인정한 것은 2017년 이후로, 유럽에서는 주로 PPD로 아시아에서는 PA로 표기한다.

SPF는 UVB의 차단 효과를, 그리고 PA는 UVA의 차단 효과를 나타내기 때문에 두 지표는 아무런 상관이 없다. 대부분의 자외선 차단제는 UVA와 UVB 모두를 차단하는 기능을 하고 있으므로 두 지표가 같이 표기되어 있으니 목적과 활용도를 고려해서 선택하면 될 것이다. 구릿빛의 피부를 갖고 싶은 사람이라면 SPF 지수는 크고 PA의 +는 적어서 UVB는 효과적으로 막고 UVA는 나름 통과시키는 제품을 고르면 된다.

무기 자차란 무엇일까?

화학적으로 보면 탄소와 수소를 기본으로 다른 원소가 결합된 화합물을 유기 화합물, 즉 생명으로부터 얻어진 화합물이라고 분류해왔다. 그러나 과학의 눈부신 발달로 실험실에서 못 만드는 화학 물질이 거의 없는 요즘은 그냥 탄소 화합물이라는 이름을 사용한다. 무기 화합물은 유기 화합물이라는 말이 널리 사용되던 시절, 유기 화합물이 아닌 탄소와 수소를 기본으로 하지 않는 모든 화합물을 부르던 용어였다. 요즘은 주로 광물성, 금속성 물질을 언급할 때 자주 사용된다.

우리가 무기 화합물 계열 자외선 차단제(이하 무기 자차)라고 부르는 모든 제품의 자외선 차단 효과를 나타내는 성분은 딱 두 가지, 타이타늄디옥사이드(이산화타이타늄, TiO_2)와 징크옥사이드(산화아연, ZnO)뿐이다. 크게 보면 금속인 타이타늄과 아연을 산소랑 결합시킨 금속 산화물, 즉 일종의 녹 가루를 발라서 자외선을 물리적으로 반사 또는 산란시키는 것이다. 이 과정에서 타이타늄디옥사이드(Titanium Dioxide)는 자외선뿐만 아니라 가시광선까지 대부분 반사시켜서 얼굴이 하얗게 되는 현상(백탁현상)을 보이고 징크옥사이드(Zinc Oxide)는 그보다는 좀 덜한 편이다.

타이타늄디옥사이드는 독성과 자극이 거의 없고 화학적으로도 안정한 물질이며 UVA와 UVB의 짧은 파장 영역을 효과적으로 차단한다. 하지만 빛을 받으면 불안정해지면서 원자 간 결합이 깨져서 반응성이 큰 활성 산소가 나오는 문제가 생기기도 하기 때문에 항산화 반응을 하는 징크옥사이드와 주로 같이 배합하여 사용한다.

징크옥사이드는 UVA의 차단 효과가 타이타늄디옥사이드보다 더 뛰어나고 염증을 치료하는 의약품에도 사용될 만큼 항염증, 항박테리아, 진정 치료, 보호, 방부 작용을 하는 성분으로 비교적 알레르기를 일으키지 않는 안전한 성분이다. 하지만 이런 무기 자차 성분은 태생이 금속 산화물 가루이다 보니 백탁현상과 기름에 갠 돌가루를 펴바르는 것처럼 사용감이 좋지 않아 인기가 많지 않다.

최근에는 타이타늄디옥사이드와 징크옥사이드 입자를 약 100nm 크기의 나노 입자로 작게 만들어 백탁현상도 줄이고 발림성도 높이는 효과를 가져왔다. 그러나 입자가 작아지면서 자외선 차단 효과가 떨어지고 피부층으로 입자가 흡수되어 문제가 될 수 있다는 우려도 같이 나오고 있다. 그럼에도 불구하고 안전한 화학 물질이기 때문에 아이들 얼굴에 바를 때에는 주로 무기 자차를 사용한다.

한 가지 더, 화장할 때 피부 표현을 위해 사용하는 파운데이션이나 비비 크림, 컨실러 같은 제품의 커버력은 주로 타이타늄디옥사이드를 사용한 효과이므로 대부분의 베이스 메이크업 제품은 무기 자차의 일종이라고 볼 수 있다. 즉 무기 자차 성분에 자연스러운 피부색을 만들어주는 적색 산화철이나 황색 산화철 등의 성분을 섞거나 살구색을 나타내는 염료를 혼합해 백탁현상 없이 사용하도록 만든 것이다. 최근에는 이런 원리를 이용해 백탁현상 같은 문제점이 크게 줄고 있다.

유기 자차란 무엇일까?

유기 화합물 계열의 자외선 차단제(유기 자차)는 피부에 흡수되는 자외선을 화학 물질이 흡수해 에너지가 좀 더 낮은 적외선 등의 열의 형태로 내보내는 것을 주된 원리로 하는 자외선 차단제이다. 화학 물질이 자외선을 흡수하여 분해될 때 발생하는 작은 분자들로 눈 시림 현상이 나타나기도 하며, 자외선이 바뀌어서 방출되는 열에 의해서 피부 노화가 일어날 가능성도 있다.

화학 성분 자체가 물에 잘 녹지 않는 유기 화합물 계열(오일 계열)이리서 물에 잘 씻기지 않지만, 사용감을 위해서 물이 기름을 둘러싼 제형(O/W; oil in water)으로 제조하는 경우에는 물에 잘 씻긴다. 지속력을 유지하기 위해서 기름이 물을 둘러싼 제형(W/O; water in oil)으로 제조하게 되면 흔히 이야기하는 워터 프루프 효과는 얻을 수 있으나 답답한 사용감이 문제가 될 수도 있고 깨끗하게 지우기 위해서 더 많은 주의를 기울여야 한다. 자외선 차단 효과를 가진 화학 물질은 너무나 많지만 가장 대표적인 화학 물질 세 가지를 소개한다.

(1) 아보벤존(Avobenzone)

아보벤존의 구조

우리나라에서는 부틸메톡시디벤조일메탄(Butylmethoxy Dibenzoylmethane)이라고 표기한다. 차단력이 우수해서 거의 대부분의 UVA 파장을 차단해 피부 노화를 막아주고, UVB도 일부 차단하는 효과가 있다. 피부에 투명하게 표현되어 유기 자차 성분 중에서 전 세계적으로 널리 사용되는 성분이기도 하다.

하지만 우리나라 제품에서는 상대적으로 사용량이 적다. 피부에 자극이 매우 심하고 광안정성이 떨어져서 자외선에 쉽게 분해되어 반응성이 큰 활성 산소를 만들어내 피부 세포를 상하게 하거나 DNA를 손상시킬 가능성이 있기 때문이다. 큰맘 먹고 비싼 외국산 선크림을 발랐을 때 눈이 시린 현상이나 피부에 자극에 느껴진다면 이 화학 물질이 포함되어 있을 가능성이 높다.

(2) 옥시벤존(Oxybenzone)

옥시벤존의 구조

벤조페논-3(Benzophenone-3)로 더 잘 알려져 있는 자외선 차단 성분으로 UVB의 차단력이 매우 우수하고 UVA의 일부분도 차단하며 광안정성도 가진 성분이다. 아보벤손과는 마치 무기 사자의 타이타늄디옥사이드와 징크옥사이드처럼 서로의 단점을 보완하는 관계로 아보벤존의 광안정성을 높여주는 효과가 있다. 하지만 알레르기를 유발할 수 있고 호흡기 장애를 일으킬 수 있다는 동물 실험 결과 때문에 국내에서는 기피 성분으로 주로 언급된다. 허용량도 5%이하로 지정된 물질이다.

(3) 옥틸메톡시신나메이트(Octyl Methoxycinnamate)

옥틸메톡시신나메이트의 구조

'에틸헥실메톡시신나메이트(Ethylhexyl Methoxycinnamate)'라는 이름으로 잘 알려져 있다. UVB 차단력이 우수하지만 UVA에 대한 차단력은 다소 약한 편이다. 현재 세계적으로 가장 많이 사용되는 자외선 차단 화학 성분으로 국내 사용량은 7.5% 이하이고, 기름 성분에는 잘 녹지만 물에는 잘 녹지 않는 특성을 가져서 방수성 자외선 차단제에 주로 사용된다.

자외선을 열로 바꾸어 방출하는 과정에서 피부에 열 노화 현상이나 피부암을 유발할 수도 있다는 연구가 있었지만, 실제로는 경피로 흡수가 어렵고 아주 강도를 심하게 한 동물 실험의 결과라서 내용이 과장되었다는 의견도 많다. 다른 화학 성분에 비해서 피부 자극이나 알레르기 등의 직접적인 문제가 적은 장점이 있다.

혼합 자차란 무엇일까?

지금까지 살펴본 것처럼 자외선 차단제로 사용되는 성분의 화학적인 구성에 따라서 무기 자차와 유기 자차로 나누는 분류가 일반적이었다면, 최근에는 각 자외선 차단 성분의 단점을 보완할 수 있도록 두 종류의 화학 물질을 섞은 자외선 차단제, 즉 혼합 자차가 대세를 이루고 있다. 무기 자차의 백탁현상과 뻑뻑함을 효과적으로 막아주고 유기 자차의 눈 시림 현상이나 피부 자극을 줄이고 화학 물질에 따라서 막지 못하는 파장의 자외선 영역도 광범위하게 막아낼 수 있는 그야말로 다목적이고 장점만 갖춘 자외선 차단제가 신제품으로 쏟아진다.

이런 상황에서 필요에 따른 자외선 차단제를 현명하게 구입하는 것이 쉬운 일인 것처럼 보이지만, 과학이 발달해 인간이 편해질수록 그에 따른 새로운 부작용도 언제나 나타나기 마련이다.

자외선 차단제가 바다 생태계를 죽이고 있다

뜨거운 여름 바닷가로 휴가를 떠날 때 자외선 차단제는 이제 필수품이 되었다. 하지만 내가 아무 생각 없이 바른 자외선 차단제가 바다 생태계를 파괴하고 있다. 미국 하와이 주 의회는 2018년 5월 1일 산호초 보호를 위해 두 가지 화학 물질이 포함된 자외선 차단제 판매를 금지하는 법률안을 통과시켰다.

2021년 1월 1일부터 효력이 발생하는 법률안의 요지는 하와이의 해양 환경과 생태계에 유해한 영향을 끼치는 것으로 확인된 옥시벤존(벤조페논-3)과 옥티녹세이트(에틸헥실메톡시신나메이트)라는 두 가지 성분을 함유한 자외선 차단제 판매를 금지한다는 것이다.

세계적으로 해마다 1만 4000여 톤의 자외선 차단제가 바닷물로 들어가서 자외선을 차단해 식물성 플랑크톤과 해조류의 생존을 위협하고, 산호초와 어류에 심각한 피해를 주는 것으로 알려져 있다. 옥시벤존은 산호초가 하얗게 탈색되는 백화현상과 기형을 초래하며 DNA 손상을 일으키고 성장과 번식에도 악영향을 준다. 물 1만 6250톤에 한 방울의 옥시벤존이 들어가도 문제가 될 수 있다는 엄청난 연구 결과도 있다. 또한 에틸헥실메톡시신나메이트는 산호초 속의 바이러스를 활성화하여 죽게 만든다.

해양 생태계를 이루는 근본이라고 볼 수 있는 산호초는 최근 대기 중 이산화탄소 농도가 증가하면서 발생한 해양 산성화와 기후변화로 인한 해수 온도 상승으로 인한 백화현상 때문에 파괴되어 큰 문제가 되고 있다. 그런데 자외선 차단제로 인하여 죽어가는 속도가 빨라지고 피해 면적이 더 광범위해지고 있다.

그렇다면 내 피부뿐만 아니라 산호초, 더 나아가 지구 생태계를 보호하기 위한 자외선 차단제 사용 방법은 없을까? 편리함과 여러 가지를 모두 만족시키려는 나의 욕심을 조금 줄이면 된다. 백탁현상이 불편하더라도 바다에서 물놀이를 할 때엔 미모를 조금 포기하고 무기 자차를 사용하고, 백탁현상을 줄이기 위해서 입자를 아주 작은 나노 사이즈로 만든 무기 자차 성분은 산호초에 흡수될 수 있으니 피하도록 하자. 유기 자차 성분도 금지 성분이 아닌 제품으로 스프레이 형태가 아닌, 바르는 제형으로 조금만 쓰도록 조절해보면 어떨까?(스프레이 타입은 과량이 뿌려지는 경향이 있어서 더 문제라는 연구 결과가 있다.)

　사람들의 갈수록 까다로워지는 요구 사항을 맞추기 위해서 화장품 회사들이 연구를 거듭하는 동안 우리가 흔하게 썼던 자외선 차단제 때문에 죽어가는 해양 생태계를 한번 되돌아보자. 이번 여름에는 내 피부뿐만 아니라 환경까지 고려해서 자외선 차단제를 선택하는 건 어떨까. 사람이 편해질수록 자연이 힘들어지는 경향이 있으니까.

12

향을 없애다? 향을 입히다?

탈취제와 방향제의 원리

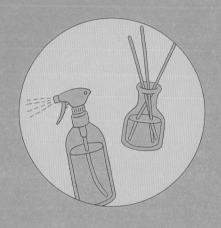

탈취제와 방향제의 차이

여름철이나 비가 오는 날 엘리베이터를 탔을 때 선명해지는 자신의 땀 냄새나, 방금 거사(?)를 치른 게 분명한 화장실에 들어가야 한다거나 또는 늦은 시간 귀갓길 지하철에서 진한 돼지갈비 냄새를 맡게 된다면 누구나 달갑지 않은 표정을 짓게 될 것이다. 이렇게 피하고 싶은 냄새는 사람과 상황에 따라 달라진다. 넓게 보면 내가 맡기 싫어하는 냄새를 '악취'라고 할 수 있으며, 이런 냄새를 없애는 데 사용되는 물질을 '탈취제'라고 한다.

대부분의 탈취제는 탈취 효과를 가진 화학 물질과 좋은 향기를 내는 화학 물질을 혼합해 제조한다. 악취의 원인이 되는 기체 분자를 제거함과 동시에 좋은 향기를 가진 화학 물질을 퍼뜨려서 공간을 빠르게 기분 좋은 곳으로 만든다. 그 예로 백화점이나 마트처럼 많은 사람이 사용하는 화장실에는 탈취 효과와 방향 효과를 겸비한 자동 분사형 탈취제나 흔히 '디퓨저'라고 이야기하는 상식 효과가 가미된 방향제가 구비되어 있다. 또한 맛과 향이 강한 음식을 파는 식당에는 뿌리는 탈취제가 준비되어 있다.

최근 몇 년 사이에 백화점 화장품 코너에는 '향기'만을 전문적으로 다루는 여러 나라의 향수 전문 브랜드가 엄청나게 증가했다. 번화가에서는 자신을 위한 맞춤형 향수나 향초 등을 판매하는 곳을 쉽게 찾아볼 수 있다. 이런 향수를 비롯해 내가 생활하는 공간을 좀 더 쾌적하게 만들기 위해 사용하는 좋은 향을 가진 물질을 우리는 '방향제'라고 부른다.

향기에 대한 사람들의 인식이 적극적으로 변하면서 '향기'를 즐기는 방법도 다양해지고 있다. 예전에는 뿌리기만 했던 액체 형태의 향수를 고체로 만들어서 몸에 바르기도 한다. 방향제를 장식품으로 만들어서 지속적으로 향을 내뿜게 하거나 향초(아로마 캔들)로 만들어 태우는 등 여러 방법이 사용된다.

이렇게 싫어하는 향은 없애고 좋아하는 향은 퍼뜨리는 탈취제와 방향제는 화학적으로 완전히 다른 원리를 이용하는 화학 물질이다. 그러나 대부분 악취를 없애는 것과 동시에 기분 좋은 향을 입히거나, 향기를 입히기 전에 악취를 제거해 탈취 성분과 방향 성분을 섞어 사용하는 경우가 많아서 그 경계가 모호할 때도 있다.

우리 집에 화학자가 산다

탈취제의 원리

기체 분자가 다른 분자들과 섞이면서 스스로 퍼져나가는 '확산' 현상은 온도가 올라가면 기체 분자의 운동이 활발해져서 더욱 강하게 나타난다. 냄새의 원인인 기체 화학 물질이 확산되는 속도도 온도가 높은 여름이 되면 빨라진다. 그래서 여름은 다른 계절보다 특히 냄새가 많이 나기 때문에 사람들도 더 민감하게 반응하고, 탈취제 수요도 많아진다.

낮은 온도   높은 온도

탈취제의 작용 원리를 살펴보면, 화학 물질을 이용하여 악취를 내는 기체 물질을 흡착하는(잡아 가두는) 방법, 화학적으로 분해하는(주로 산화시키는) 방법, 그리고 태워서 분해하는(연소하는) 방법 이렇게 세 가지로 나누어 볼 수 있다.

흡착법의 원리는 활성탄(숯) 같은 다공성 물질, 즉 작은 구멍이 많이 있어 표면적이 극대화된 물질에 있는 미세한 공기구멍에 악취 기체 분자가 들어가 제거된다. 숯은 1g의 표면적이 약 300m²나 되는 다공성 물질로 냄새 나는 물질을 흡착하는 데 매우 효과적이지만, 시간이 지나서 구멍이 모두 악취 분자로 가득 차면 더 이상 흡착하지 못하므로 계속 교체해주어야 한다.

대부분의 시판 탈취제에 사용되는 화학 물질인 사이클로덱스트린 (cyclodextrin) 역시 이러한 흡착법에 이용된다. 탄수화물의 일종인 덱스트린이 가운데가 비어 있는 원형으로 결합한 모양을 하고 있어 효과적으로 악취 분자를 가둬서 흡착한 후 탈취제의 성분 중 하나인 알코올의 힘으로 빨리 증발하면서 냄새를 제거하는 원리이다.

탄수화물 계열의 사이클로덱스트린은 사용하였을 때 독성이나 문제가 거의 없는 물질이지만, 상할 수 있다. 그렇기 때문에 시판되는 탈취제를 유통기한 동안 변하지 않고 안정하게 사용하기 위해서는 보존제와 미생물 억제제, 즉 방부제가 필요하다. 탈취제에 대한 부정적인 인식이 퍼지게 된 이유가 바로 이 방부제로 사용되는 물질 때문인데, 그 부분에 대해서는 조금 뒤에 다시 다루기로 하자.

화학적으로 분해하는 방법은 악취 기체를 산화시켜 제거하는 방법으로 강력한 산화력을 지닌 이산화염소(ClO_2)라는 화학 물질이 주로 이용된다. 이산화염소는 오존 다음으로 강력한 살균·표백 능력을 가진 화학 물질이다. 기체 상태의 분자가 물에 녹아 있는 수용성 산화제로 악취의 원인이 되는 암모니아 계열의 질소 화합물이나 메르캅탄

(Mercaptan) 계열의 황 화합물, 페놀 등과 산화 반응을 하여 구조를 파괴시켜 악취를 효과적으로 제거할 뿐만 아니라 그 원인을 근본적으로 제거할 수 있다.

더 좋은 점은 락스(NaClO, 차아염소산나트륨) 같은 염소계 산화제를 사용할 때 발생할 가능성이 있는 트라이할로메테인(CHX_3, X는 Cl, Br, I등의 할로젠 원자) 같은 발암물질이 생성되지 않는다는 것이다. 하지만 고농도 이산화염소가 피부와 직접 접촉하면 심한 통증과 화상, 갈색 또는 황색 반점이 생길 수 있다. 반복적 또는 장기간 접촉되면 피부염과 안과 질환 및 화상을 유발할 수 있다. 직접 흡입할 경우 기침, 질식, 천명, 코 입 및 목의 통증, 비염, 그리고 중증 호흡기 자극 증상이 나타날 수 있으며, 많은 양을 흡입할 경우 폐렴과 기관지염이 유발될 가능성도 있다.

그렇기 때문에 이산화염소 같은 강력한 산화제를 사용한 탈취제는 주로 직접 흡입 할 수 없는 겔 형태로 만든다. 플라스틱 통에 담긴 냉장고나 신발장, 화장실 탈취제가 그것이다. 우리나라 냉장고의 주된 냄새는 김치 때문인 경우가 많아서 산성인 신맛과 냄새를 중화하면서 없애는 용도로는 약한 염기성 가루인 탄산수소나트륨(베이킹소다)을 사용하는 것이 효과적이다.

연소법의 원리는 악취의 원인 분자를 태워서 없애는 것으로 대표 주자로는 양초가 있다. 예전부터 집에서 생선을 굽거나 담배를 피웠을 때 양초를 켜면 냄새가 없어진다는 이야기를 들어본 적이 있을 것이다. 요즘에는 좀 더 적극적으로 탈취를 하고 거기에 더해 좋은 냄새를 입히기 위해서 양초를 만들 때 좋은 향을 내는 물질을 넣은 향초(아로마 캔들)를 많이 사용하고 있다.

양초를 켰을 때 악취 분자가 분해되는 이유는 온도가 높고 산소가 공급되는 초의 불꽃에서 악취 분자가 연소되기 때문이다. 양초가 탈 때 가장 어두운 불꽃심 부분은 800~1,000℃, 가장 밝은 속불꽃은 1,200℃이다. 가장 온도가 높은 겉불꽃은 1,400℃의 고온 상태로 불꽃 주변 공기의 밀도가 급격히 작아져서(가벼워져서) 공기가 위로 떠오르게 된다. 옆에서 다른 공기가 들어오는 강력한 공기의 흐름이 만들어지는 과정에서 공간에 있던 악취 분자도 불꽃으로 들어가 타버려서 악취가 제거되는 것이다. 아무리 복잡하고 강력한 악취 분자라도 1,000℃가 넘는 불꽃으로 태워버리니 없어질 수밖에. 하지만 산소 공급이 부족할 경우 양초를 구성하는 긴 탄소 사슬이 타는 과정에서 완전하게 분해되기가 어려워 일산화탄소나 미세먼지, 그을음 같은 불청객이 또 다른 문제가 될 수도 있다.

시판 탈취제에 들어 있는 잠재적 위험 성분(보존제)

위험 요소를 가진 화학 물질로 탈취제를 만들 때 사용되는 걸로 알려져서 한동안 사람들이 탈취제를 써야 하나 말아야 하나 고민하게 만든 대표적인 두 가지 성분은 벤즈이소티아졸리논(Benzisothiazolinone)과 제4급 암모늄염(quaternary ammonium salt, 주로 염화벤잘코늄)이다.

벤즈이소티아졸리논은 가습기 살균제 사고를 일으킨 클로로메틸이소티아졸리논(chloromethylisothiazolinone, CMIT)/메틸이소티아졸리논(methylisothiazolinone, MIT)과 같은 '이소티아졸리논(Isothiazolinone)'이란 합성 화합물 계열에 속한 물질이다. 미국에서 1987년 처음 도입된 아이소싸이아졸론을 원료로 한 살충제를 사용한 농부들에게서 피부염, 발진, 호흡 과민 등이 보고되면서 문제가 되었다.

미생물 번식을 막고 효과적으로 살균작용을 하는 미생물 억제제로 주성분이 탄수화물 종류인 사이클로덱스트린을 기본으로 하는 대부분의 탈취제가 미생물로 오염되는(썩는) 상황을 방지하는 효율이 좋은 보존제라는 건 사실이다. 그러나 문제는 스프레이형 탈취제에 사용될 경우 호흡을 통해 사람의 기관지나 폐로 직접 들어온다는 데 있다.

가습기 살균제 성분과 마찬가지로 반복해서 호흡기로 들어 올 경우 기관지나 폐의 세포를 죽여서 폐렴증상을 일으킬 수 있으며, 이후 간질성 폐렴으로 진행되어 폐가 딱딱해져서 호흡을 못하게 되는 중증의 폐 장애를 일으킬 수 있다는 것이다(살균제의 균을 죽일 수 있는 화학적 성질은 폐로 들어오면 폐의 세포를 죽게 하는 결과가 생길 수밖에 없다.).

제4급 암모늄염은 일반적으로 '염화벤잘코늄'이라는 화학 물질이 가장 많이 쓰인다. 화학적으로 구조를 보면 암모니아 분자의 비공유 전자쌍에 수소 이온이 붙은 암모늄 이온에서 네 개의 수소 원자들이 모두 탄소와 수소가 결합한 알킬기(R, $C_nH_{2n+1}-$)로 바뀐 것이 제4급 암모늄 이온이고 (+)를 띠는 이 이온과 (−)를 띠는 이온, 주로 염화이온

(Cl$^-$)이 결합한 물질이 제4급 암모늄염이다.

가장 널리 쓰이는 제4급 암모늄염인 염화벤잘코늄은 보존제, 방부제뿐만 아니라 피부 소독제, 손 소독제, 스프레이형 코 세정제, 점안제, 항균 물티슈, 수술 도구 소독제, 포진이나 수포 치료제 등으로도 널리 사용되는 물질이다. 일반적으로 우리가 사용하는 소독제인 과산화수소나 에탄올과는 다르게 상처 부위에 자극을 주지 않아서 아프지 않게 소독을 할 수 있다. 어린이들의 살균 소독제나 안약, 코에 뿌리는 약 등의 의약품에도 사용되는데 미량으로도 훌륭한 방부·보존제의 역할을 하므로 수십 년 동안 안정하게 사용되어왔던 화학 물질이다.

하지만 탈취제는 가습기 살균제처럼 잠자는 시간이나 건조할 때 하루 종일처럼 오랜 시간을 사용하지 않고, 마트나 백화점 화장실에 비치된 자동 분사형 탈취제 역시 사람들이 머무는 시간이 짧은 공간에서 작동된다. 탈취제에 들어 있는 항균·보존제 때문에 큰 문제가 생길 거라는 걱정은 사용 빈도를 고려하지 않은 과장된 부분이 있다. 특히 겔이나 비즈 형태로 만들어져서 통 안에 들어 있는 냉장고나 신발장, 옷장용 탈취제 속의 보존제를 직접 흡입하는 경우는 거의 없다고 봐도 무방하다.

가장 걱정하는 부분은 뿌리는 섬유용 탈취제나 스프레이형 탈취제인데 여기서는 화학적인 지식에 근거한 개인의 현명한 선택과 판단이 개입할 차례이다. 두터운 겨울 코트나 패딩을 입고 고깃집에 다녀왔다고 가정해보자. 이런 겨울 외투는 바로바로 세탁할 수 있는 옷도 아니고 한 번 입고 냄새가 난다고 세탁소에 드라이크리닝을 맡기기도 애

매하고, 그냥 입고 다니기엔 다른 이들에게 민폐가 될 수 있다.

이럴 경우 섬유용 탈취제는 아주 좋은 해결책이 될 수 있다. 내 경우 극소량 사용된 보존제 때문에 일어날 문제보다는 일상생활을 무리 없이 하고 싶기 때문에 아이들이 없는 시간에 베란다에 가서 창문을 활짝 열고 외투에 탈취제를 뿌린다. 물론 뿌리는 잠깐 동안은 호흡을 좀 참고 팔을 길게 뻗어서 뿌리긴 하지만. 그리고 환기가 잘 되는 곳에 외투를 몇 시간 널어두었다가 옷장에 넣거나 착용한다. 마찬가지로 사람들이 많이 왕래하는 상업 공간에 탈취제를 사용할 경우에도 환기를 시키고 사람들이 없는 시간에 사용한다면 혹시라도 있을지 모르는 흡입량을 줄일 수 있다.

방향제의 종류

방향제(Air Freshener)는 사용하는 사람의 기분을 상쾌하게 만들기 위하여 특정한 공간이나 의류, 섬유, 신발 등에 지속적으로 좋은 향을 내도록 사용하는 화학 물질이다. 기본적으로는 향수처럼 원하는 향을 뿌려서 다른 냄새를 가리는 용도로 쓰이기 시작했지만, 최근에는 흡착이나 산화 같은 탈취의 작용을 겸하는 화학 물질을 동시에 사용하여 더더욱 효과적으로 기분 좋은 향을 퍼뜨리도록 발전하고 있다. 이렇게 쓰이는 물질만 발전하는 것이 아니라 필요한 상황과 용노에 따라 최근에는 다양하게 상품화되고 있다.

집중적이고 즉각적인 효과가 필요한 곳에 쓰이는 스프레이형, 화장실처럼 지속적으로 악취가 발생할 가능성이 있는 곳에 사용하는 비치형, 고급스러운 장식의 효과까지 낼 수 있도록 향료가 담긴 병에 액체를 빨아올리는 막대형 장식을 꽂아 놓은 '디퓨저'라고 부르는 스틱형, 향료를 석고나 왁스에 섞은 뒤 굳혀서 액자나 그림처럼 벽에 걸어 놓은 고체형, 향료가 섞인 양초를 피워 탈취와 방향의 효과를 동시에 내는 향초 등이 최근 많이 사용되는 방향제의 종류이다.

기분 좋은 향을 내기 위하여 사용하는 향료에는 천연 향료와 합성 향료가 있다. 천연 향료는 1g을 얻기 위해서 몇 십만 송이의 꽃을 추출해야 하는 식물성 향료부터 사향노루나 사향고양이 같은 특정한 동물에서만 얻어지는 동물성 향료, 아주 특이한 고래의 배설물인 용연향같이 구하기도 쉽지 않고 비용도 높은 것과 라벤더, 로즈마리처럼 가격이 저렴한 종류도 있다.

자연에서 얻어진 향료는 수급이 쉽지 않고 기후 같은 자연 상황이나 생육 상태에 따라 같은 동식물에서 얻어져도 항상 똑같은 향이 나는 것이 아니라는 단점이 있다. 이런 단점을 해결하는 것이 인공으로 합성한 향료이며 가장 대표적으로 대부분의 과일향은 실험실에서 만들기 쉬운 에스터(에스테르, 탄소 화합물 중간에 $-COO-$ 작용기가 있는 화학물질)로 아주 쉽고 저렴하게 만들 수 있다.

이런 주제로 이야기하면 꼭 받는 질문이 "그럼 천연향이 좋은 건가요? 합성향이 좋은 건가요?"인데 대답하자면 향을 내는 분자식은 같으니 똑같다고 대답할 수밖에 없다. 하지만 화학자이기 때문에 하나 덧붙일 수 있는 내용은 똑같은 재스민 향이라 하더라도 실험실에서

다양한 향기를 내는 에스터의 분자식

에스터	분자식	맛/향기
Methyl butyrate	$CH_3CH_2CH_2COOCH_3$	사과
Ethyl butyrate	$CH_3CH_2CH_2COOCH_2CH_3$	파인애플
Propyl acetate	$CH_3COOCH_2CH_2CH_3$	배
Pentyl acetate	$CH_3COOCH_2CH_2CH_2CH_2CH_3$	바나나
Pentyl butyrate	$CH_3CH_2CH_2COOCH_2CH_2CH_2CH_2CH_3$	살구
Octyl butyrate	$CH_3COOCH_2CH_2CH_2CH_2CH_2CH_2CH_2CH_3$	오렌지
Methyl benzoate	$C_6H_5COOCH_3$	익은 키위
Ethyl formate	$HCOOCH_2CH_3$	럼
Methyl salicylate	$o-HOC_6H_4COOCH_3$	노루발풀
Benzyl acetate	$CH_3COOCH_2C_6H_5$	재스민

합성한 재스민 향은 딱 한 가지 화학 물질이지만, 재스민 꽃에서 추출한 향은 그렇지 않다.

꽃에서 추출한 향료는 재스민 향을 내는 화학 물질이 주성분이긴 하지만 그 외에도 1,000여 가지 정도의 미량 화학 물질이 함께 추출되어서 더 오묘하고 자연스러운 향을 낼 수 있다. 그러므로 향수나 방향제나 들어가는 향료의 종류에 따라서 매우 나항한 향을 나타낼 뿐만 아니라 같은 향이라도 가격이 천차만별인 것이다.

파라핀 향초 vs 소이 캔들

공간의 쾌적함을 바라는 사람들이 많아진 만큼 방향제에 대한 수요도 늘고 있다. 방향제 중에서도 가장 널리 사용되는 것 중에 하나가 바로 향초이다. 앞에서 이야기한 연소법으로 나쁜 냄새를 없애는 양초의 탈취 효과에, 만드는 과정에서 향료를 첨가하여 방향의 효과까지 얻는 향초는 최근 전문 매장까지 생길 정도로 선풍적인 인기를 끌고 있다. 이런 향초를 사용하는 사람 중에는 파라핀 향초와 소이 캔들(콩기름 양초)의 차이점에 대해 이야기하면서 특정 제품을 사용하는 것이 훨씬 낫다고 이야기하는 내용이 많이 공유되고 있는데 이를 살펴보자.

양초를 비롯한 모든 연료(탈 수 있는 물질)는 기체 상태가 되어야만 연소될 수 있다. 석탄은 석탄 속에 있는 탄소 화합물(연료)이 기체가 될 때까지 처음에는 나뭇가지나 종이를 사용해서 한참이나 불을 붙여야 한다. 휘발유의 경우 그 이름에서 알 수 있듯이 기체가 쉽게 되는 석유의 성분을 따로 모아서 자동차 연료로 사용한다. 양초가 타는 과정도 심지에 불을 붙이면 그 불에 녹은 액체 파라핀이 심지를 타고 올라가서 불꽃에서 기체 파라핀으로 바뀌면서 연소되는 것이다.

초기의 양초는 밀랍 등을 사용해서 만들어야 했기에 너무 비싸서 아무나 사용할 수 없는 귀중품이었다. 석유를 사용하게 된 후에는 석유를 정제하고 남은 찌꺼기에서 탄소 수가 20개가 넘는 탄화수소인 고체 상태의 파라핀을 뽑아내 양초를 만들 수 있게 되었다. 가격이 매우 저렴해지면서 서민들의 저녁 시간을 밝히는 조명의 역할을 하게 되었다.

우리 집에 화학자가 산다

파라핀이 석유에서 뽑아낸 물질이라는 이유만으로 천연에서 얻어지는 것이 아니고 화석 연료의 사용량을 늘려서 지구의 온난화를 부추긴다는 이야기는 화학적으로 보면 그다지 맞는 이야기가 아니다. 석유 또한 생물로부터 자연의 화학 반응을 거쳐 만들어진 '천연 광물' 자원이며, 석유를 정제하는 과정에서 버려지는 찌꺼기를 이용하여 뽑아내는 파라핀 때문에 석유의 사용량이 늘어나는 것도 아니다. 아주 잘 정제된 파라핀은 식용으로도 사용 가능할 정도이고 손이나 발이 많이 건조해져서 문제가 되는 경우 파라핀을 이용한 파라핀 치료도 많이 하고 있다. 화장품의 보습, 윤활 효과를 얻기 위해서 밀랍 대용으로도 많이 사용한다.

파라핀 향초와 양대 산맥을 이루고 있는 소이 캔들에 대해 조사를 하다보니 주로 세 가지 내용이 강조된다. 첫째, 100% 천연 재료로부터 만들어졌으며, 둘째, 파라핀 양초와는 달리 연소 시 그을음이 없고 알레르기나 암을 유발하는 성분을 방출하지 않고, 셋째, 석유로부터 만들어지는 파라핀 양초에 비해 소이 캔들은 환경 문제를 덜 일으킨다는 것이다. 이렇게만 보면 소이 캔들은 파라핀 향초와는 비교도 할 수 없을 만큼 좋은 향초이고 만약 향초를 쓴다면 꼭 이것만을 써야 할 것 같다.

그렇다면 도대체 액체 상태인 콩기름으로 어떻게 양초를 만드는 걸까? 파라핀 분자들은 차곡차곡 쌓이기가 쉬워서 상온에서 고체로 존재하지만, 콩기름은 기름을 구성하는 지방산(올레인산, 리놀렌산)에 시스 형태로 꺾인 이중 결합이 많아서 차곡차곡 쌓이기가 어려운 구조이므로 상온에서 액체로 존재한다. 최근에 사용되는 소이 캔들은 이렇게 액체로 존재하는 콩기름 분자의 이중 결합에 수소를 첨가하는 화학 반응을 이용하여 시스 형태로 꺾인 지방산을 한 줄로 쭉 이어진 형태로 바꾸어서 상온에서 고체가 되도록 만든 '소이 왁스(soy wax)'를 원료로 한다. 마치 옥수수기름에 수소를 첨가하여 고체 상태의 옥수수 마가린을 만드는 것처럼. 따라서 소이 캔들은 액체를 억지로 고체로 만들었기 때문에 파라핀 향초처럼 독립적인 일반 양초의 모양으로는 만들 수 없고, 유리병과 같은 용기에 넣어진 형태로만 만들 수 있다.

파라핀 양초는 그을음이나 다 타지 않은 탄소 화합물을 방출하고 소이 캔들은 그럴 위험이 없다는 내용도 화학적으로 보면 큰 의미가 없다. 두 물질 모두가 탄소와 수소가 기본인 탄화수소 계열이므로 산소 공급이 충분한 상태에서 완전 연소할 경우 이산화탄소와 수증기만 방출하고, 산소 공급이 충분하지 않은 상태에서는 두 종류의 향초 모두가 그을음과 일산화탄소, 다 타지 않아서 흡입할 경우 좋지 않은 탄소 화합물이나 미세먼지가 나올 수밖에 없다. 즉, 향초의 문제가 아니라 충분한 산소가 공급되는지에 따라서 좋지 않은 화학 물질이 나올 수밖에 없다는 것이다.

또한 석유계 물질인 파라핀 향초보다 소이 캔들이 훨씬 환경 친화적이라고 이야기하는 이야기도 살펴볼 필요가 있다. 물론 최근의 폭염을 비롯한 지구온난화의 이상한 현상들은 화석 연료를 인간이 너무 남용하여 생긴 결과가 맞다. 하지만 파라핀을 그 범주에 넣기에는 무리가 있다. 앞서 이야기한 대로 파라핀은 석유를 정제하는 과정에서 나오는 부산물을 이용하는 것이므로 오히려 오염물질을 줄이는 효과를 낼 수 있는 반면, 농업으로 생산하는 콩을 주원료로 하는 콩기름은 세계에서 콩 생산량이 가장 많은 미국, 브라질, 아르헨티나처럼 지평선이 보이는 평야에 비행기로 농약과 비료를 주면서 많은 양의 물을 써가면서 경작하는 대규모 농업 과정을 통해 길러진 콩으로 만들어진다. 최근에는 생산량을 늘리기 위해 많은 콩이 GMO(Genetically Modified Organism) 종자를 사용하여 재배되고 있다.

필요한 만큼 취향에 맞게 사용하자

탈취제나 방향제는 나 자신의 필요에 의해 사용하는 것이다. 다른 사람들이 하는 이야기에 팔랑팔랑 귀를 기울일 필요가 없다는 뜻이다. 내 경우 고등어구이를 매우 좋아하는 아이들을 위해서 고등어를 자주 굽지만, 굽는 냄새가 싫어 부엌에 향초를 켜고 창문을 열고 요리한다. 몇 년 전, 밀폐된 공간에서 고등어와 삼겹살을 굽는 실험을 통해 미세먼지와 화학 물질이 많이 나온다는 누명을 쓴 불쌍한 고등어와 삼겹살은 사실 환기를 시키는 환경에서 요리해야 하는 대표적인 음식들이다. 환기만 잘 되면 미세먼지나 발암물질 걱정을 하지 않고 먹어도 된다.

향초를 살 때에도 반드시 소이 캔들만을 고집하지 않으며, 가능하면 향료 자체가 천연물에서 얻어진 신뢰할 만한 브랜드의 제품을 사는 편이다. 장마철 빨래를 널 때나 겨울에 입는 두꺼운 외투에 고기 냄새가 배었을 경우 베란다에 가서 창문을 활짝 열고 스프레이형 섬유 탈취제를 사용한다. 아무리 청소해도 꿉꿉한 냄새기 나는 화장실에는 카페에서 얻어온 커피 가루를 둔다. 물론 습기 때문에 곰팡이가 필 때가 많아서 자주 갈아줘야 하는 번거로움이 있다. 여러 음식 냄새가 섞여 있는 냉장고에는 시판 탈취제나 베이킹소다를 번갈아서 사용한다. 발 냄새가 나는 신발장에는 전용 탈취제를 주기적으로 넣어 놓는다. 결국 무엇이든 필요한 만큼 과하지 않게 사용하면 되는 것 아닐까?

가습기 살균제의 비극

세균의 박멸과 공존, 무엇이 옳은 걸까?

세균, 정말 문제일까?

국어사전에서 세균(細菌)의 정의를 살펴보면, "생물체 가운데 가장 미세하고 가장 하등에 속하는 단세포 생활체"이다. 일반적으로 단세포로 이루어져서 활동하는 미생물을 총칭하며, 영어 이름인 "박테리아(bacteria)"라고도 부른다. 모양에 따라 둥근 모양의 구균(Coccus, 알균), 긴 막대 모양의 간균(Bacillus, 막대균), 나선형의 나선균(Spirilla) 등으로 나눌 수 있다.

구균 중에서는 사슬 모양으로 늘어선 연쇄상구균이나 포도송이처럼 뭉쳐 있는 포도상구균이, 나선균 중에서는 비브리오, 렙토스피라 등이 우리에게 병원균으로 익숙한 이름이다. 박테리아와 자칫 혼동되기 쉬운 바이러스는 훨씬 작고 생물과 무생물의 중간 형태인 병원체다. 독감 바이러스나 메르스 바이러스 등을 예로 들 수 있다.

| 콜레라균 | 대장균 | 살모넬라균 | 포도상구균 |

주요 세균의 종류

세균은 워낙 하등한 생물이라서 다른 생물과 공생하는 경우가 많다. 소나 양 같은 반추 동물의 소화기관에 사는 셀룰로모나스(Cellulomonas)나 바실루스(Bacillus)는 풀 속의 식이섬유인 셀룰로오스(cellulose)를 분해해 지방산을 만들어 소의 체조직에 흡수되게 한다. 또한 분해자에 속하는 대표적인 생물군으로 유기물을 분해하여 식물이 흡수하는 무기물로 이용할 수 있도록 만든다.

콩과 식물 뿌리에 사는 뿌리혹박테리아(leguminous bacteria)는 결합이 잘 안 끊어지는 삼중 결합을 해서 대부분의 식물이 이용할 수 없는 질소를 질소 화합물 형태로 바꾸어 공급한다. 콩이 "밭에서 나는 소고기"라는 이름을 들을 정도로 단백질이 많은 식품이 되도록 만드는 것이다.

지금 이 글을 쓰고 있는 나와 이 글을 읽고 있는 당신의 몸속에도 세균은 살아 있다. 일반적으로 몸속에 사는 세균의 수는 사람의 몸을 구성하는 전체 세포 수보다 많다. 성인을 기준으로 몸에 있는 세포의 질량을 모두 합하면 2kg 정도 되는데, 이 중 장 안에 있는 세균이 1kg 정도이다.

그중 나머지는 입안, 피부, 다른 소화기관, 자궁, 질 등 신체의 여러 기관에 분포하면서 영양소의 소화, 흡수, 알레르기를 비롯한 면역 반응, 체내 환경의 산성도 조절 등의 여러 가지 부분에 영향을 미치고 있다. 출산의 과정 또한 균의 종류가 제한되어 있던 자궁이라는 환경에서 자라던 태아가 산도를 통해 나오면서 엄마 몸에 있던 다양한 세균과 만나는 과정에서 각 세균에 대해 면역체계가 학습을 하면서 신생아의 면역력이 증가하는 "세균 샤워"라고 부르기도 한다.

2003년 세계적으로 사람들을 놀라게 했던 중증급성호흡기증후군(Severe Acute Respiratory Syndrome, SARS) 사건 이후로 사람들은 병을 일으키는 병원균의 심각성을 더 확실하게 인지하기 시작했다. 그 여파로 마스크나 손 세정제, 살균 소독제 같은 위생용품에 대한 수요가 급증하였다.

물론 SARS는 세균, 즉 박테리아가 병원체가 아니고 세균보다 수백 배 작고 생물과 미생물의 중간적인 행동을 보이는 바이러스, 그중에서도 사람에게는 감기나 배탈을 일으키고 조류나 포유류에 널리 퍼져 있는 코로나바이러스의 변종 때문에 일어난 병이다. 하지만 박테리아나 바이러스는 오염된 음식이나 공기 또는 직접 접촉을 통해 옮겨진다는 공통점이 있으므로 살균을 통해 이런 병을 예방하자는 생각이 널리 확산되었다. 사람들이 적극적으로 살균을 하도록 만든 원인이 된 것이다.

살균이란 무엇일까?

'살균'이란 미생물에 물리적·화학적 자극을 가해 단시간 내에 멸살시키는 것으로, 살균하는 대상을 완전히 무균 상태로 하는 멸균과 거의 무균 상태에 이르도록 하는 소독으로 구별한다. 모든 세균이 나쁜 것은 아니지만, 사람들을 병에 걸리게 하는 병원균이나 식품을 상하게 하고 오염을 일으키는 부패균 등 사람들이 원치 않는 세균을 제거해 감염을 예방하거나 식품을 보존하고 발효 제품을 생산하기 위해 살균을 시행한다. 균의 종류와 살균 목적에 따라 여러 가지 방법을 사용할 수 있다.

물리적인 살균법은 물체를 직접 불꽃에 접촉시켜 미생물을 태워 없애는 '화염 멸균법', 가장 간편하고 널리 쓰이는 100℃의 끓는 물에 30분간 물체를 넣어 살균하는 '자비 멸균법', 오토클레이브(일종의 고압솥) 등의 기계를 사용하여 2기압 121℃에서 15분 정도 물체를 넣어 살균하는 '고압증기 멸균법', 건조 오븐으로 165℃에서 두 시간 또는 175℃에서 한 시간 멸균하는 '건열 멸균법', 파스퇴르에 의해 고안된 60℃ 정도에서 30분 또는 75℃에서 15분 가열하여 영양과 맛을 유지하면서 소독하는 '저온 살균법', 구내식당의 물컵 보관기처럼 자외선이나 감마선을 쏘여서 살균하는 '방사선 살균법', 가열하거나 방사선 또는 화학 물질을 이용해서 멸균이 불가능한 항생제나 혈청 등을 멸균하기 위해 사용하는 '여과 멸균법'이 있다.

우리 집에 화학자가 산다

화학적인 살균법은 70% 농도의 소독용 알코올(주로 에탄올이나 이소프로 판올을 사용한다.), 과산화수소(H_2O_2), 락스(염소계 표백제) 등의 액체 형태 화학 물질을 사용하는 '액체 소독법', 브로민화메틸(CH_3Br) 같은 화학 물질을 기화시켜서 토양의 미생물을 소독하는 방법처럼 액체 물질이 묻으면 안 되거나 광범위한 영역을 소독해야 할 경우에 사용하는 '기체 소독법', 효소가 세균의 세포벽과 세포막을 터지게 해서 살균하는 '효소계 소독법', 인체에는 독성이 적고 세균만 선택해서 죽이는 약품인 항생제 등을 사용하는 방법이 있다.

아이들이 중이염이나 편도염에 걸리면 항생제를 먹어야 하는데 항생제를 먹고 나면 배가 아프거나 설사를 하는 경우가 있을 것이다. 이런 부작용은 항생제가 장에 존재하는 유익한 유산균이나 대장균 같은 꼭 필요한 미생물까지 모두 없애기 때문에 발생한다. 부작용을 최소화하기 위해서는 항생제와 유산균을 번갈아 먹여야 하는 아이러니한 상황이 반복되기도 한다. 게다가 항생제를 사용할 경우 살아남은 세균에게 항생제를 견디는 성질인 내성이 생기게 되어서 항생제가 듣지 않게 되므로 작용 과정이 다른 더 센 항생제를 개발하고 사용해야 하는 문제도 발생하게 되었다.

SARS나 메르스 같은 바이러스성 질병뿐만 아니라 콜레라나 결핵, 파상풍 등의 무서운 질병이 세균 때문에 걸린다는 사실을 두렵게 받아들이면서 살균 소독제를 사용하는 빈도 또한 매우 증가하였다. 예전에는 더러운 곳을 깨끗하게 하고 어지럽게 흩어진 걸 정리하는 과정이 청소였다면 최근에는 한발 더 나아가 살균·소독까지 해야 청소가 마무리되었다고 생각이 바뀌게 되었다.

이런 변화를 감지한 기업에서는 앞다퉈 다양한 용도의 살균 소독제를 생산하고, 광고를 통해 이를 알리고 있다. 예전에는 살균 소독 방법이 행주나 속옷, 수건 등을 삶고 욕실을 청소하는 데 살균과 표백이 되는 세제를 사용하는 정도였다면, 이제는 손 소독제는 기본이고 핸드워시나 주방 세제, 공기를 상쾌하게 하는 탈취제까지 살균 기능이 있는 화학 물질을 첨가하는 것이 당연한 일처럼 되어버렸다.

우리나라는 여름에는 습기가 많고 온도도 높아서 몸이 끈적거리게 더운 날씨가 계속되는 반면, 겨울에는 거센 바람에 나무끼리 비벼져서 불이 날 만큼 건조하고 추운 날씨가 계속된다. 계절의 특성상 겨울의 시작부터 늦은 봄까지 많은 가정에서 사용하는 가습기는 하루이틀 이상 물통에 계속 물을 담아 놓을 경우 곰팡이가 피게 된다. 이런 곰팡이가 몸에 좋지 않다는 보도가 나온 이후 위생에 대한 국민적인 관심에 힘입어 가습기 물에 섞어서 나쁜 균을 없앤다는 가습기 살균제가 전 세계에서 거의 최초로 우리나라에서 상용화되었다.

가습기 살균제 사건

가습기 살균제는 가습기의 물에 첨가하여 세균의 번식과 물때 발생을 예방할 목적으로 1994년 처음 출시되었다. 2011년까지 연간 60만개 정도가 팔릴 만큼 대표적인 위생 관련 살균 소독제이다. 원래는 카펫 항균제 등의 용도로 출시되었던 화학 물질인 PHMG(polyhexamethylene guanidine), PGH(oligo(2-(2ethoxy)ethoxyethyl guanidine) 등이 가습기 살균제 원료 물질로 사용되었고, 이후 CMIT / MIT 등의 살균 소독 물질도 원료로 사용되었다.

가습기 살균제 사건은 2011년 그 모습을 드러내기 시작했다. 서울의 한 병원에서 원인을 알 수 없는 폐질환으로 임산부들이 사망했다. 질병관리본부의 역학 조사로 밝혀진 결과에 따르면 가습기에 첨가된 살균제 성분이 문제였다. 이미 의학계에서는 2006년부터 원인 미상의 소아 사망 발생을 인지하고 있었다.

환경보건시민센터 보고서에 따르면, 2017년 말까지 가습기 살균제 피해 신고자는 총 5,955명으로 그중 사망 1,292명(22%), 생존 4,663명(78%)이었다. 그러나 제품의 사용자가 최대 500만 명에 이르고, 사용 후 병원에서 치료를 받은 사람이 30~50만 명, 피해 신고를 하지 않은 사람이 대다수여서 실제 피해 규모는 더 클 것으로 예측하고 있다.

이 사건은 대한민국 역사상 최악의 화학 참사이다. 또한 '살생물제(Biocide)'로 인해 심각한 피해가 발생한 세계 최초 사례이기도 한데, 살생물제란 "화학 물질 또는 생물학적 수단에 의해 유해한 유기체를 파괴, 저지, 무해화 또는 제어 효과를 발휘하도록 의도된 화학 물질 또는 미생물"이라고 유럽 법에서 정의된다. 문제는 유기체라는 단어에 세균만이 속하는 것이 아니고 모든 생물의 세포 또는 조직, 즉 사람의 세포도 포힘된다는 것이다.

가습기 살균제 성분

1) PHMG/PGH

PHMG   PGH

PHMG나 PGH는 모두 다른 살균제에 비해 피부·경구(섭취 시 영향)에 대한 독성이 1/10~1/5 정도로 적은 데다, 살균력이 뛰어나고 물에 잘 녹는다. 그렇기 때문에 가습기 살균제뿐 아니라 물티슈, 부직포 등의 사람과 직접 접촉하는 물건의 살균제나 부패 방지제 등으로 널리 사용되는 구아디닌(guanidine) 계열의 고분자 화학 물질이다.

PHMG는 국내에서 유해화학물질관리법에 따라 국립환경연구원에 유독물이 아닌 물질(고유번호 97-3-867)로 등록돼 있고, 일본·호주·중국 등에서도 살균제로 등록돼 판매되고 있다. 미국 역시 식품의약국(FDA)에 의료 기기용 살균제로 인증(등록번호 3008931275)된 상태다. PGH 역시 피부와 눈에 접촉해도 영향이 크지 않은 살균제로 물리화학적 특성이 알려져 있고, 실제로 다른 살균제나 부패 방지제에 비해서 먹었을 경우나 환경에 노출되었을 때의 위험성이 적은 편이라 비교적 안전한 살균제로 알려져 있었고, 그렇게 사용되어왔다.

하지만 이 두 물질 모두 가습기 살균제로 사용하기 이전에는 흡입 독성에 대한 자료나 중장기적으로 인체에 노출 되었을 경우의 유해성을 평가할 자료가 없었다. 가습기 살균제 사고 이후 2012년 2월에 시행된 질병관리본부 호흡노출 동물실험에서 PHMG와 PGH는 폐섬유화 관련 인과관계가 확인되었다.

이들 물질이 고농도로 폐에 노출되면 감기나 폐렴 증상이 발생하고 간질성 폐렴으로 진전돼 폐가 딱딱해져 호흡곤란이 발생하기도 한다. 폐 손상은 회복되지 못하고 고착성 폐 기능 저하로 폐를 이식하지 않으면 사망에 이르게 된다. 폐 세포는 수축과 팽창을 하면서 공기를 혈관에 전달하는데 폐 손상으로 섬유화가 발생하면 딱딱해져서 공기를 혈관에 전달하지 못하고 숨을 쉬지 못하게 된다.

우리나라에서 쓰이는 가습기는 대부분 초음파 가습기다. 초음파 가습기는 초음파를 발생시켜 물 분자 사이의 수소 결합을 끊어서 물 분자들을 효과적으로 기화시키는 원리로 만들어진다. 외국에서 주로 사용하는 가열식 가습기에 비해서 전기 사용량이 적은 장점도 가지고 있다. 이러한 초음파 가습기에 균을 죽이는(인체 세포를 죽일 수 있는) 살균제가 들어가서 초음파에 의해 작은 입자로 쪼개지고, 이 미세한 입자가 폐를 통해 혈관으로 들어가 퍼진 것이다.

차라리 먹는 경우였다면 고분자 물질이라서 소화가 잘 안 되는 특성 때문에 몸에 흡수되는 양도 적고 심각한 위해를 주기 힘들었을 것이다. 가습기 살균제를 사용한다는 것은 쉽게 말하면 뿌리는 것만으

227

로도 균이 죽는 살균제를 초음파로 더 작은 입자로 쪼개어서 공기 중에 계속 공급해 우리의 폐 세포를 직접 공격하도록 허락한 것이다. 그것도 밤새, 하루 종일…… 제일 약한 임신부와 신생아 또는 어린 아이들의 건강을 위해서.

2) CMIT/MIT

CMIT   MIT

PHMG나 PGH가 들어간 가습기 살균제(옥시싹싹)를 사용한 사람이 훨씬 많았기 때문에 질병관리본부가 2014년 말 보고한 〈가습기 살균제 건강 피해 백서〉를 보면 대부분의 폐 손상은 PHMG나 PGH가 들어간 가습기 살균제를 사용한 경우였다. CMIT/MIT 계열 살균제를 사용한 피해자는 전체의 10% 정도였다. CMIT/MIT는 혼합물 형태로 함께 사용되는데, 샴푸나 물티슈, 화장품 보존제의 성분으로 광범위하게 사용되는 항균 효과가 뛰어난 구아니딘 계열의 화학 물질이다.

CMIT와 MIT는 1960년대 말 미국의 한 화학회사에서 개발한 화학 물질이다. 물에 쉽게 녹고 휘발성이 높으며, 자극성과 부식성이 커 일정 농도 이상 노출 시 피부, 호흡기, 눈에 강한 자극을 줄 수 있다. 동물 흡입 실험에서 비염을 유발하는 것으로 보고되어 미국 환경청(EPA)에서 산업용 살충제로 등록하고 2등급 흡입 독성 물질로 지정하였다. 우리나라에서는 일반 화학 물질로 분류되다가 가습기 살균제 사건 발생 후인 2012년 환경부가 유독물질로 지정했지만, 사용이 전면 금지되지는 않았다.

우리나라와 유럽에서는 의약외품 및 화장품 중 씻어내는 제품에 한하여 15ppm 이하로 희석하여 사용이 가능하고(한국의 경우 치약은 제외), 일본에서는 구강에 사용하는 제품을 제외한 씻어내는 제품에 0.1%로 희석하여 사용 가능하다. 미국에서는 업계에서 자율적으로 사용을 관리하고 있으며, 특히 미국과 유럽 등에서는 치약 보존제로 사용할 수 있지만 국내에서는 치약 보존제로서의 사용이 금지된 물질이다. 휘발성이 좋은 물질에 초음파까지 계속 더해졌으니 휘발되는 양이 더욱 많아졌음은 당연한 결과였다.

CMIT/MIT의 경우 치약(미국과 유럽)과 샴푸, 바디워시, 세제 등 대부분의 생활용품에 사용된다. 아주 저농도로 첨가되어도 뛰어난 항균 효과를 나타내기 때문인데, 우리가 성분이 안전하다고 소문나서 일부러 해외 직구를 통해 구입해서 사용하는 세제 및 생활용품에도 이 성분이 들어 있는 경우가 많다. 우리나라에서는 가습기 살균제의 원료 물질이라고 잘 알려져서 이 물실이 들어 있다는 깃민으로도 기피하는 사람들이 많지만, 사실 직접 흡입하거나 오랜 시간 접촉하는 경우가 아닌 씻어내는 생활용품에 사용되는 건 다른 종류의 독성이 더 큰 항균제를 사용하는 것보다 안전하다.

하지만 최근 어린 학생들 사이에서 엄청나게 유행하고 있는 슬라임(slime), 대부분의 학생들은 액체 괴물(줄여서 액괴)이라고 부르는 장난감에도 기준치 이상의 CMIT/MIT가 포함되어 있어서 문제가 되었다. 주로 해외에서 수입한 제품에서 농도가 높았는데 CMIT는 오랜 시간 접촉할 경우 피부 발진과 알레르기, 안구 부식과 체중 감소 등의 부작용을, MIT는 피부 자극과 피부 부식성 증세를 일으킬 수 있는 부작용을 가지고 있다.

아이들을 키우는 엄마들은 모두 공감하겠지만, 아이들이 일단 액체 괴물을 가지고 놀기 시작하면 오랜 시간 동안 손으로 계속 주무르면서 얼굴을 바싹 대고 열중해서 논다. 안 그래도 휘발성이 크고 피부에 접촉하면 좋지 않아서 씻어내는 제품이나 일회용 물티슈 등의 단발성 제품의 항균제로 쓰이는 물질을 아이들의 손으로 계속 만지면서 노는 장난감에 허용하는 것은 다시 한번 생각해 볼 일이 아닌가 싶다.

물론 항균제를 사용하지 않는다면 수입되는 과정에서 대부분이 부패할 수 있고, 상한 장난감을 가지고 노는 것 또한 위험한 일이 될 것이다. 사용하지 않는 것보다 사용하는 편이 더 나으니까 현재 사용되는 것이겠지만, 최소한의 허용 농도를 맞추고 장시간 사용은 금지한다는 등의 지침이 있다면 좋지 않을까.

우리 집에 화학자가 산다

베이킹소다, 구연산, 과탄산소다는 안전할까?

가습기 살균제 사고 이후 화학 물질에 대한 두려움이 퍼지게 되면서 '케모포비아(Chemophobia)'라는 말이 생기고, 화학 물질 자체를 거부하는 사람들이 많이 생기게 되었다. 그러나 우리가 사는 생활 속의 모든 것들이 화학과는 떼려야 뗄 수가 없다. 인체를 구성하는 모든 물질조차 화학 물질이다.

하지만 가습기 살균제 제조사들의 사후 조치를 보면서 실망한 사람들은 더 이상 기업에서 생산한 상품을 믿을 수가 없다고 생각하고 스스로 공부하기 시작했다. 시중 제품 대신 적합한 화학 물질을 찾아서 사용하는 일이 많아진 것이다. 인터넷에서 얻을 수 있는 정보가 방대하고, SNS를 통한 활발한 소통과 정보 교환의 여파로 좋다는 소문이 난 화학 물질은 묻지도 따지지도 않고 사는 사람이 많아서 품귀 현상이 일어나기도 한다.

그중 많이 사용하는 세 가지 물질을 줄여서 베·구·산(베이킹소다, 구연산, 과탄산소다)이라고 부르는데, 이 베·구·산은 무조건 아무 데나 사용해도 되는 건지 알아보기로 한다.

1) 베이킹소다(탄산수소나트륨(소듐), $NaHCO_3$)

식소다라고도 하며 '소다'라는 명칭은 나트륨을 일본식으로 부르는 말에서 유래되었다. 원래는 빵이나 쿠키를 부풀게 하는 용도로 사용되었지만, 우리에게는 초등학교 앞에서 사먹던 '뽑기' 또는 '달고나'라는 설탕과자를 만드는 것으로 익숙하다. 국자에 설탕을 넣고 약한 불에서 녹이면 연한 갈색 액체로 녹는데 이때 하얀 가루를 조금 넣으면 부풀면서 색이 바뀌게 된다. 그 순간 아줌마가 설탕이 뿌려진 쟁반 위에 내용물을 붓고 누르개로 누른 뒤 여러 가지 모양으로 만들어내던 그 달콤한 과자. 하지만 왜인지 모르게 욕심을 부려 두 개를 먹고 나면 입안이 까끌거리고 쓴 맛이 느껴졌다. 베이킹소다가 부풀어오르는 반응식은 다음과 같다.

$$2NaHCO_3(s) \rightarrow Na_2CO_3(s) + H_2O(g) + CO_2(g)$$

원래 베이킹소다는 약염기성이지만 열에 의해 이산화탄소 기체를 내놓아 확 부풀면서 염기성인 탄산나트륨으로 변한다. 때문에 뒷맛이 염기성 물질의 맛인 쓴 맛이 나고 단백질을 녹이는 염기의 성질 때문에 혀의 표면이 자극을 받아서 입안이 조금 까끌거리게 된다. 약염기성 물질 중에서 먹을 수 있다는 특징을 이용하여 위산을 중화하는 제산제로도 널리 사용된다(먹을 수 있다는 것은 매우 안전한 화학 물질이라는 뜻이다.). 가열하거나 산과 섞이면 이산화탄소가 발생하는 특징을 이용해 발포비타민이나 목욕용 발포제 등으로 사용하기도 한다.

제과제빵에 사용하는 것이 주 목적이었던 베이킹소다는 사실 미세한 가루 상태의 물질로 오염물질을 흡착하는 성질과 물건의 표면을 연마하는 능력을 갖고 있다. 최근에는 설거지(특히 스텐 냄비를 닦을 때), 청소와 빨래 등의 집안일 영역에서 세제 대신 사용하는 사람들이 많아졌다. 물론 세제보다는 환경오염이 덜하고 경제성이 있다는 장점이 있다. 그러나 설거지나 빨래를 하고 난 뒤 평소보다 많은 물로 헹구지 않으면 잔여물이 그대로 남을 수 있고, 약염기성이긴 하지만 살균이나 소독 효과가 뛰어나다고 할 수도 없다.

몇 번의 방송에서 베이킹소다를 베.구.산.의 두 번째 물질인 구연산이나 식초 같은 산성 물질과 반응시켰을 경우 보글거리면서 끓어오르는 것 같은(사실 이산화탄소 거품이 올라오는 것뿐이다.) 시각적 효과 때문에 마치 삶는 것과 같은 살균 효과가 있는 것처럼 느껴져 더 많은 이들이 사용하게 되었다. 베이킹을 할 때에는 아주 소량 사용하지만 청소나 빨래를 할 경우 이에 비해 엄청난 양을 사용하게 되므로 베이킹소다를 제조하는 회사에서는 이런 용도를 많이 홍보하고 있는 것도 사실이다.

하지만 염기성인 베이킹소다를 산과 섞는다는 건 화학적으로 보면 중화 반응(즉, 중성으로 만든다는 것이다.)을 일으켜서 두 물질의 성질을 아예 없애는 것과 같다. 여러 매체에서 이야기하는 대로 세정력이 강해지고 살균 소독이 가능하다고 보기는 어렵다. 또한 욕실처럼 밀폐된 공간에서 문을 닫고 두 물질을 섞으면 이산화탄소가 발생하면서 산소가 부족해져서 호흡곤란, 두통, 구토 등을 일으킬 가능성이 있다. 실제로 이런 사고로 119에 신고되는 경우가 종종 발생한다고 한다.

만약 베이킹소다와 구연산을 사용하려면 하나의 물질로 먼저 닦고 시간차를 두고 다음 물질로 닦아내는 등 서로의 화학적 특성을 없애는 것이 아니고 모두 이용할 수 있는 방법을 사용하는 것이 더 나을 것이다. 거품이 발생하는 것처럼 눈에 보이는 효과가 다는 아니기 때문이다.

2) 구연산(시트릭애시드, Citric acid, 시트르산)

구연산의 구조

식초의 성분인 아세트산(CH₃COOH)이 산성을 나타내는 카르복시기(-COOH)가 하나인데 비해서 카르복시기가 세 개인 구연산은 말 그대로 레몬 비슷한 과일인 시트론(Citron)의 한자 이름인 구연(枸櫞)을 이름으로 하는 산이다. 엄청나게 시고 상온에서 흰색의 고체 형태를 하고 있으며 물과 에탄올 같은 극성 용매에 잘 녹는다. 레몬즙에서 최초로 분리하였고 예전에는 과일에서 추출했지만, 최근에는 자당이나 포도당이 많은 당밀이나 옥수수를 물에 갈은 침지액에 검은 곰팡이를 번식시켜서 검은 곰팡이가 내놓는 시트르산을 수산화칼슘으로 석출시킨 후 황산으로 다시 칼슘을 떼어내는 방법을 통해 상업적으로 생산하고 있다.

시트르산은 맛과 향을 내거나 식품을 보존시키는 용도를 가진 식품첨가제로 가장 많이 사용된다. 예를 들면, 아이스크림에 유화제로 첨가되어 지방이 분리되지 않게 하거나 신맛을 내는 용도로 쓰인다. 혈

우리 집에 화학자가 산다

액을 응고시키는 칼슘의 작용을 막기 때문에 헌혈팩에도 구연산나트륨의 형태로 조금 첨가하고, 금속과 착화합물을 형성하는 특성을 이용해 보일러 등에 낀 산화물 때를 제거하기도 한다. 물에 녹아 있는 금속 성분을 제거하기 때문에 비누나 세제에 첨가되기도 하고, 욕실이나 부엌 세정제에 넣기도 한다. 녹을 제거하거나 산성인 특성을 이용해 핸드크림 같은 화장품의 산성도를 조절하는 용도로 사용되기도 하며, 최근에는 합성 세제 대용으로 쓰이기도 한다.

구연산 1mM 용액의 pH는 약 3.2이고 오렌지와 레몬과 같은 감귤류의 과일 주스의 pH는 구연산의 농도에 달려있다. 먹을수 있는 산이고 약산이긴 하지만 약산 중에서는 강한 편이라서(다시 한번, 산성을 나타내는 -COOH가 세 개이므로) 순도가 높은 구연산에 노출되면 몸에 나쁜 영향을 줄 수 있다. 흡입할 경우 기침이나 호흡 곤란, 목의 통증을 일으키고 과다 섭취할 경우 복통과 목의 통증을 그리고 피부와 눈에 노출될 경우 발작과 심각한 통증을 일으킬 수 있다.

물론 먹을 수 있는 산성 물질이기 때문에 살균 효과도 있고 다른 화학 물질에 비해 안정도가 큰 편이므로 가습기나 전기 주전자의 물때를 제거하거나 주기적인 살균 소독을 위해서 사용하는 건 현명한 방법이다. 그러나 사용 후 반드시 잘 헹구고 가루 형태로 사용할 경우에는 흡입하지 않도록 주의를 기울여야 한다.

3) 과탄산소다($2Na_2CO_3 \cdot 3H_2O_2$)

락스로 잘 알려진 염소계 표백제는 살균과 표백 효과는 매우 뛰어나지만, 특유의 냄새와 독성이 강한 염소가스를 발생시킬 가능성이 있어서 빨래를 할 때에는 이런 단점이 없는 산소계 표백제인 과탄산소다가 훨씬 널리 사용되고 있다. 가루 상태인 과탄산소다를 물과 섞으면 다음 식처럼 탄산나트륨과 과산화수소로 분해되고 과산화수소가물로 바뀌면서 내놓는 산소 원자 하나(발생기 산소)가 발생하게 되는데이 산소의 산화력으로 살균과 표백 작용을 하는 것이다.

$$2Na_2CO_3 \cdot 3H_2O_2 \rightarrow 2Na_2CO_3 + 3H_2O_2 \rightarrow 2Na_2CO_3 + 3H_2O + 3O$$

과탄산소다는 찌든 때와 곰팡이 등에는 아주 효과적인 살균·표백작용을 한다. 과탄산소다의 반응을 화학적으로 살펴보면 상처가 난곳에 과산화수소를 발랐을 때 부글거리면서 산소 거품이 발생하는 것과 거의 같다고 생각하면 쉽다. 또한 산소계 표백제로 표백력은 염소계 표백제보다 약하지만, 일상적인 빨래를 하는 데는 충분하다. 옷감도 덜 상하고 색깔도 빠지지 않아서 세제와 같이 사용할 수 있는 장점도 있다. 오죽하면 가장 유명한 과탄산소다 제품의 광고 문구가 "흰옷은 더욱 희게, 색깔 옷은 선명하게"일까?

우리 어머님들 세대에는 모든 행주나 수건, 속옷 등에 세제를 넣고팍팍 삶아서 사용했기 때문에 집에 들어갔을 때 빨래 삶는 냄새가 났던 기억이 한 번쯤은 있을 것이다. 대부분의 합성 세제는 때를 빼기 위한 계면활성제와 살균, 표백을 위한 보조제, 그리고 방부제 등 여러 화학 물질이 혼합된 것이다. 빨래를 가열해 삶는 동안 예기치 않았던 화학 물질이 공기 중으로 퍼져서 집 안에 있는 사람들의 폐로 흡수되어 또 다른 문제를 일으킬 수 있다.

이런 예상치 못한 화학 물질이 폐로 들어가는 것을 막으려면 가능하면 들통에 넣고 가스 불에 삶는 빨래는 하지 않는 것이 좋겠다. 오래되어 색이 누렇게 된 수건은 걸레로 사용하다 폐기하고, 행주와 속옷도 주기적으로 교체한다. 교체할 수 없는 경우에는 삶아야 할 상황이 되면 여러 가지 혼합 화학 물질이 아닌 성분이 간단하고 발생하는 화학 물질이 과산화수소인 과탄산소다를 사용하는 것이 좋다. 그러나 살균의 다른 이름이 '세포를 죽일 수 있음'을 잊지 말고, 가능하면 흡입하는 경우를 최소화하고, 각막처럼 약한 부분에는 절대 닿지 않도록 조심하는 것이 좋다.

유해 화학 물질은 틀린 장소, 틀린 시간, 틀린 양 때문에 만들어진다

우리가 더 안전하기 때문에 화학 세제 대신 사용하고 있는 베이킹소다, 구연산, 과탄산소다도 다른 화학 물질과 마찬가지로 화학 물질일 뿐이다. 자연에서 채취하는 경우보다는 공장에서 화학 반응을 통해서 생산하기 때문이다. 물론 살균제나 합성 세제처럼 강력한 효과를 얻기 위해 사람들이 필요에 의해서 만들어낸 화학 물질과는 다르겠지만, 비교적 안전한 단일 화학 물질이라고 해도 베이킹소다나 과탄산소다 같은 고운 분말 형태의 물질이 흡입에 의해서 호흡기에 반복적으로 들어오면 폐포에 도달하여 예상보다 큰 독성 반응을 일으킬 수 있다.

과탄산소다의 경우 눈에 들어가면 치명적인 문제를 일으킬 수도 있고, 구연산은 눈과 피부, 호흡기에 자극을 줄 수 있고 호흡을 통한 염증을 유발할 수 있어서 스프레이 형태로 사용하는 건 유럽에서 금지된 물질이기도 하다. 그렇다면 천연 물질이라고 모두 안전할까? 아무도 100% 천연 물질인 담배를 안전하고 독성이 없는 물질이라고 말하지 않는다.

화학 물질로 인한 사건과 사고에 놀란 우리는 화학 물질이라면 모두 나쁘고 위험하다고 생각한다. 천연 물질로만 만든 화장품은 개봉하고 한 달 내에(올해 여름 같은 더위에서는 일주일 안에) 다 사용하지 않는다면 곰팡이를 바르는 것과 마찬가지일 정도로 상한 상태일 것이다. 가습기 살균제 원료 물질로 사용되어 전 국민이 나쁜 화학 물질이라고 생각하는 PHMG/PGH나 CMIT/MIT도 사실 카펫용 항균제나 물티슈, 샴푸, 린스, 바디워시의 살균·방부제로만 사용되었다면 우리의 생활을 편하고 안전하게 해주는 아주 유용한 물질이었을 것이다.

우리가 잊지 않아야 할 것은 사람은 자연의 일부일 뿐이라는 것이다. 가습기 살균제를 사용해 모든 균을 없애려고 생각한다면 먼저 그 균이 원래 어디 있었는지부터 생각해보자. 그 세균은 멀리 아마존에서 온 이상한 세균도 내가 처음 만난 세균도 아닌, 나와 같은 공간에서 계속 살던 세균일 것이다. 물론 세균으로 가득한 물을 가습하는 것은 좋은 일이 아니지만, 화학 물질을 사용하여 균을 쉽고 완전하게 없애는 것보다는 자주 세척하고 헹구어서 균을 최소화하는 것이 더 나은 방법일 수도 있다.

항생제를 먹어서 유익한 균까지 죽게 되어 유산균을 먹어야 하는 이중고를 겪는 상황이 반복되는 것처럼 세균도 결국 틀린 장소, 틀린 시간, 틀린 양이 아니라면 무조건적인 멸균만이 능사는 아닐 것이다. 우리와 같이 사는 자연계의 구성원이기 때문이다. 최근 이런 생각에 기반을 두고 옳은 장소에 옳은 시간에 옳은 양의 세균을 활성화시키자는 '박테리오테라피(Bacteriotherapy)'가 등장했다. 박테리오테라피의 방법 중 가장 유명한 것이 바로 인간의 신체 내에서 유익한 균을 증가시켜 건강을 증진시키자는 '프로바이오틱스(Probiotic)'다. 현재는 유산균이 가장 널리 사용되지만, 앞으로 어떤 균이 대세로 떠오를지는 아무도 모른다.

화학 물질 자체가 나쁜 것은 아니다. 사람들이 쓰이지 않아야 할 장소(틀린 장소)에 허용치를 넘는 오랜 시간(틀린 시간) 동안 허용된 양을 넘는 과한 용량(틀린 양)을 사용해 문제를 일으키고는 나쁘다고 지목한 억울한 화학 물질이 있을 뿐이다. 무엇이든 완전한 것은 없다. 개발을 하였던 이미 있었던 어떤 종류의 화학 물질을 새로운 분야에 사용하기 전에 사람뿐만 아니라 환경에 대해서도 오랜 시간 충분한 위해성 평가를 거친 뒤 사용 허가를 하고, 이를 사용하는 사람들의 현명한 행동이 뒤따른다면 '케모포비아'는 사라질 것이다.

그림 출처

31 ⓒ shutterstock, 32 ⓒ shutterstock, 33 ⓒ shutterstock, 64 ⓒ shutterstock, 66 ⓒ shutterstock, 67 ⓒ shutterstock, 81 (cc) Robert A. Rohde at Wikimedia, 84 (cc) At09kg at Wikimedia, 87 ⓒ NASA Earth Observatory/Robert Simmon, 88 ⓒ shutterstock, 112 (cc) Wikimedia Commons, 117 ⓒ shutterstock, 132 ⓒ shutterstock, 151 ⓒ shutterstock, 157 ⓒ shutterstock, 158 ⓒ shutterstock, 168 source Conceptual Chemistry 5th by John Suchocki, 169 ⓒ 국가 핵융합 연구소, 175 source Conceptual Chemistry 5th by John Suchocki, 177 ⓒ 보건복지부, 대한의학회, 182 ⓒ shutterstock, 186 ⓒ shutterstock, 223 (cc) Wikimedia Commons

225쪽 환경보건시민센터 보고서 302호, 2018년-1, 1월 15일자이 책의 시작은 한양대학교의 교양 강좌 〈생활 속의 화학〉입니다. 우리나라 학생들은 고등학교 때 문과와 이과를 선택하기 때문에 문과를 지망한 학생들은 과학을, 이과를 지망한 학생들은 인문학을 접할 기회가 상대적으로 적습니다. 이 수업은 화학을 접해본 적이 없는 인문계열 학생들을 위해서 개설되었는데, 수년 동안 학생들을 가르치는 과정에서 저 역시 많은 부분을 배울 수 있었습니다. 수업을 들은 학생 중 일부는 삶이 바뀌었다고도 합니다. 이러한 경험과 두 아이의 엄마로서 일상생활에서 쉽게 마주할 수 있는 화학 물질을 통해 누구나 쉽게 과학적인 지식을 나눌 수 있도록 책을 썼습니다.

우리는 화학 물질에 둘러싸인 삶을 살고 있습니다. 아침에 일어나 세수하는 것부터 밥을 먹고 잠자리에 들 때까지 화학 물질이 없는 삶은 상상하기조차 힘듭니다. 24시간 떼려야 뗄 수 없는 화학 물질과 애증의 관계가 되느냐, 아니면 약간의 지식을 통해 유용하게 이용하느냐는 이제 여러분에게 달려 있습니다.

이 책을 읽은 모든 사람이 '우리 집의 화학사'가 되기를 바라며,

2019년 3월 김민경

감사의 글

이과의 길을 걸어온 내 인생에 또다시 책을 쓸 기회가 올까? 처음이자 마지막일지도 모른다는 생각을 하니 감사드릴 분이 너무나 많다.

햇병아리였던 내게 〈생활 속의 화학〉이라는 강의를 시작할 기회를 주신 손대원 학장님, 매사 살뜰하게 챙겨주신 김주황 부장님, 두 분이 이 책의 시작입니다. 두 분의 배려를 잊지 않고 제자들에게 전하는 따뜻한 선생이 되겠습니다. 학업을 계속하기 어려운 내게 동문 장학금을 받을 수 있게 해주셨던 25년 전의 스승 한양대학교 이영무 총장님과 아버지처럼 보살펴주신 이기정 교수님께 깊은 감사를 드립니다. 사회생활뿐만 아니라 삶의 자세까지 언제나 멘토가 되어주시는 이경림 교수님, 제 인생에 교수님과 인연이 된 건 큰 행운입니다. 언제나 지금처럼 계셔주세요. 어느 사이엔가 '파인애플'이라는 이름으로 함께하는 김윤영, 민기화, 신현희, 이상희, 이수형, 이주선 님, 그대들에게 받은 많은 행복과 배려 앞으로 하나하나 돌려드리도록 노력하겠습니다.

편찮으신 중에도 일하는 딸을 위해서 기꺼이 아이들을 돌봐주시는 친정어머니 이영순 여사님의 은혜 잊지 않겠습니다. 언제나 가족을 위해서 기도하시는 시어머님 이양자 여사님 항상 감사합니다. 치매로 고생하는 중에도 외손녀를 알아보시는 외할머니 장순지 여사님 사랑합니다. 인생의 시련을 극복하고 있는 동생 김형범, 넌 분명히 잘 할 수 있을 거야. 부족한 내게 언제나 사랑과 행복을 느끼게 해주는 세상에서 제일 예쁜 우리 딸 서유림과 세상에서 제일 멋진 우리 아들 서동균, 엄마가 정말 사랑한다. 언제나 든든한 버팀목인 사랑하는 나의 남편 서승원 님, 감사합니다. 그리고 지금 이 순간 가장 생각나는 아빠, 故 김윤홍님 사무치게 보고 싶습니다.

찾아보기

우리 집에 화학자가 산다

245

우리 집에 화학자가 산다

찾아보기

우리 집에 화학자가 산다

김민경 교수의 생활 속 화학이야기

1판 1쇄 발행일 2019년 3월 8일
1판 10쇄 발행일 2024년 4월 22일

지은이 김민경

발행인 김학원
발행처 (주)휴머니스트출판그룹
출판등록 제313-2007-000007호(2007년 1월 5일)
주소 (03991) 서울시 마포구 동교로23길 76(연남동)
전화 02-335-4422 **팩스** 02-334-3427
저자·독자 서비스 humanist@humanistbooks.com
홈페이지 www.humanistbooks.com
유튜브 youtube.com/user/humanistma **포스트** post.naver.com/hmcv
페이스북 facebook.com/hmcv2001 **인스타그램** @humanist_insta

편집주간 황서현 **기획** 임은선 **일러스트** 강지연(@heybaci) **디자인** 한예슬
용지 화인페이퍼 **인쇄** 삼조인쇄 **제본** 해피문화사

ⓒ 김민경, 2019

ISBN 979-11-6080-216-0 03400

NAVER 문화재단 파워라이터 ON 연재는 네이버문화재단 문화콘텐츠기금에서 후원합니다.